利国利民　造福子孙

功在当代　利在千秋

水中机器人（机器鱼）教育自主视觉系列教材

自主视觉组机器鱼竞赛

编著　谢广明　何宸光

HEUP 哈尔滨工程大学出版社

内容简介

自主视觉组机器鱼竞赛是中国素质体育机器人运动会水中专项运动的基本竞赛内容之一。本书全面系统地介绍了自主视觉组机器鱼竞赛的概况和所设立的具体项目和规则等内容。

本书适用于参加中国素质体育机器人运动会水中专项运动全局视觉组竞赛项目的所有教练员、裁判员和运动员，也适合机器人爱好者参考学习。

图书在版编目（CIP）数据

水中机器人（机器鱼）教育自主视觉系列教材．自主视觉组机器鱼竞赛/谢广明，何宸光编著．—哈尔滨：哈尔滨工程大学出版社，2013.7

ISBN 978-7-5661-0614-8

Ⅰ．①水… Ⅱ．①谢… ②何… Ⅲ．①海洋机器人-竞赛-教材 Ⅳ．①TP242

中国版本图书馆 CIP 数据核字(2013)第 148172 号

出版发行 哈尔滨工程大学出版社
社　　址 哈尔滨市南岗区东大直街 124 号
邮政编码 150001
发行电话 0451-82519328
传　　真 0451-82519699
经　　销 新华书店
印　　刷 哈尔滨市石桥印务有限公司
开　　本 787mm×960mm 1/16
印　　张 7
字　　数 112 千字
版　　次 2013 年 7 月第 1 版
印　　次 2013 年 7 月第 1 次印刷
定　　价 21.00 元
http://www.hrbeupress.com
E-mail:heupress@hrbeu.edu.cn

前言

江泽民同志指出：科学技术是第一生产力。振兴经济首先要振兴科技。只有坚定地推进科技进步，才能在激烈的竞争中取得主动。当前，我国经济正面临着加速发展、调整结构、提高效益的重大任务，尤其需要全社会提高科技意识，多方面增加科技投入，真正依靠科技进步。科技工作要面向经济建设主战场，在开发研究、高新技术及其产业、基础性研究这三个方面合理配置力量，确定各自攀登高峰的目标。在世界高科技领域中，中华民族要占有应有的位置。通过深化改革，建立和完善科技与经济有效结合的机制，加速科技成果的商品化和向现实生产力转化。不断完善保护知识产权的制度。认真抓好引进先进技术的消化、吸收和创新。努力提高科技进步在经济增长中所占的含量，促进整个经济由粗放经营向集约经营转变。

众所周知，文化是一个民族的实力，教育是一个民族的生机，体育是一个民族的国力。社会变革是极其巨大的，正是这极其巨大的变革迫使人们去认识新事物，迎接新挑战，迫使人们去思考许许多多前所未有的东西。服务机器人作为新生事物，已经走进人类，人类已经走进机器人时代。机器人技术涵盖了人类所有的学科知识和自然科学知识，特别是智能机器人和服务机器人，与人们的生产生活密不可分。2012 年国家科技部组织编制了《服务机器人科技发展“十二五”专项规划》,《规划》中明确了服务机器人技术是集机械、信息、材料、生物医学等多学科交叉的战略性高技术，对于相关技术与产业的发展起着重要的支撑和引领作用。在全国范围内实施《服务机器人科技发展“十二五”专项规划》，实现机器人技术作为战略高技术，推动国防军事、智能制造装备、资源开发，发展未来服务机器人产业，有望培育新的战略性新兴产业，而且具有很强的技术辐射性与带动性，对促进智能制造装备发展、提高应急处理突发事件能力、发展医疗康复设备、增强军事国防实力等都具有十分重要的现实意义。

2011 年，国家体育总局与神州通信集团战略合作，共同调研机器人运动的国际和国内现状，在美国、日本、欧洲国家等发达国家，机器人教育教学已被纳入中小学的必修课，有些大学还专门设立了机器人学科或机器人学院；机器人体育赛事方面，国际上著名赛事均由本国军事或太空部门主办，如AUVic赛事由国际无人系统联合会（AUVSI）和美国海军装备研究中心联合主办，水下SAUC－U赛事由全球海军技术研究局主办。机器人运动在我国必须规范开展，而规范的前提是规则。国家体育总局借鉴国际机器人教育教学和机器人体育赛事的先进经验，结合国内机器人赛事的现状，根据《中华人民共和国体育法》的有关规定，将机器人运动纳入国家社会体育运动项目，定义为中国素质体育机器人运动，以彰显这项运动的本质是素质教育。

中国素质体育机器人运动受到了社会各界的广泛关注，全国政协十一届五次会议上以关于“高度重视，深入做好素质体育机器人赛事”提出提案（3427号），国家体育总局对提案作出答复（体群字【2012】96号）。《答复》中明确做好六项工作：一、项目的基础建设；二、组织建设；三、竞赛系统建设；四、加强对外交流；五、把握文化大发展大繁荣对素质体育机器人运动带来的新机遇、新要求；六、加强与其他部门的合作。并于2012年颁布施行《中国素质体育机器人运动通用竞赛规则》，为这项利国利民伟大工程的规范开展、健康开展、广泛开展打下了坚实的基础。

此次出版的机器人专项教育系列教材在我国机器人教育领域尚属首次，此系列教材的出版使我国机器人基础教育、专项教育、学历教育的全面普及有了良好的开端，为我国机器人体育事业的健康发展、积极发展起到了巨大的推动作用。

何宸光

2013年3月于北京

目　　录

第 1 章　机器人竞赛背景介绍

随着智能技术突飞猛进的发展、教育理念的不断更新，综合了信息技术、电子工程、机械工程、控制理论、传感技术以及人工智能等前沿科技的机器人技术正在为教育改革贡献自己的力量。为了推动机器人技术的发展，培养学生创新能力，自 20 世纪 90 年代开始在全世界范围内相继出现了一系列的机器人竞赛。

1.1　国际机器人竞赛发展介绍

国际性的机器人竞赛起源于 20 世纪 90 年代初，最先出现在美国和欧洲的一些发达国家。目前国际机器人竞赛类别主要有机器人足球竞赛、机器人灭火竞赛、机器人综合竞赛。

1.1.1　机器人足球竞赛

1. 历史发端

机器人足球的最初想法是由加拿大不列颠哥伦比亚大学的艾伦·马克沃斯（Alan Mackworth）教授于 1992 年提出的。日本学者迅速对这一想法进行了系统的调研和可行性分析。1993 年 6 月，包括浅田埝（Minoru Asada）、Yasuo Kuniyoshi 和北野宏明（Hiroaki Kitano）在内的一些研究工作者决定创办一项机器人比赛，暂时命名为 RoboCup J 联赛（J 联赛是刚创办的日本足球职业联赛的名字）。然而在一个月之内，他们就接到了绝大部分是日本以外的研究工作者的反应，要求将比赛扩展成一个国际性的联合项目，因此，他们将这个项目改名为机器人足球世界杯赛（Robot World Cup Soccer Games，简称 RoboCup）。

与此同时，一些研究人员开始将机器人足球作为研究课题。隶属于日本政府的电子技术实验室（ETL）的松原仁（Itsuki Noda）以机器人足球为背景展开多主体系统的研究，并已经开始开发一个专用的足球比赛模拟器。这个模拟器后来成了 RoboCup 的正式足球比赛仿真平台。日本大阪大学的浅田埝教授、美国卡内基－梅隆大学的 Veloso 教授（RoboCup 联盟现任主席）和她的学生 Peter Stone 等也开展了同类工作。没有这些先驱者的参与，RoboCup 就不可能产生。由此，机器人足球迅速成长为国际人工智能和机器人学研究的一个重要主题和方向。

目前国际上最具影响的机器人足球赛主要是 FIRA 和 RoboCup 两大机器人足球赛，这两大比赛都有严格的比赛规则，融趣味性、观赏性、科普性为一体，为更多青少年参与国际性的科技活动提供了良好的平台。

2．RoboCup

RoboCup 机器人世界杯是世界上规模最大、水平最高、影响最广泛的机器人科技大赛和学术大会，是一项通过学术竞赛推动信息、自动化等领域前沿研究和实际应用的全球事业，广泛涉及人工智能、计算机、自动控制、图像处理、传感器及信息融合、精密机构、无线通信、机械电子学和新材料等学科的科技创新与综合集成。

1993 年 9 月，RoboCup 第一次发表公告，并草拟了明确的规则。于是，在很多会议和研讨会上进行了关于组织和技术问题的讨论，包括 AAAI－94（美国人工智能联合会会议）、JSAI（日本人工智能学会）研讨会以及其他机器人界的会议。同时，松原仁（Noda）所在的 ETL 小组宣布了仿真比赛平台初始版本（LISP 版本），这是为进行多主体系统研究而开发的第一个足球领域的开放系统仿真平台。后来又通过 Web 发布了 1.0 版本的仿真比赛平台（C++ 版本），这个仿真平台的第一次公开演示是在 IJCAI－95。

1995 年 8 月，在加拿大蒙特利尔召开的国际人工智能会议（IJCAI－95）上发表了公告，日本名古屋与 IJCAI－97 联合举办了首届机器人世界杯足球赛及会议。同时，为了发现与组织大型 RoboCup 比赛有关的潜在问题，决定先举办 Pre-RoboCup－96。作出这个决定是为了留出两年的准备和开发时间，这样研究小组就可以开始开发机器人和仿真的球队，同时也能有时间筹集研究经费。

1996 年 11 月 4 日至 11 月 8 日，在日本大阪的国际智能机器人与系统会议（IROS－96）期间举办了 Pre-RoboCup－96，有 8 支球队参加了仿真组比赛，并展示了参加中型组比赛的真正的机器人。这次比赛虽然规模不大，但这是第一次将足球赛用于促进研究与教育的比赛。

1997 年，第一次正式的 RoboCup 比赛和会议获得了巨大的成功，共有来自美国、欧洲、澳大利亚、日本等 40 多支球队参加，5 000 多名观众观看了比赛。从此，RoboCup 作为机器人学和人工智能研究领域的最重要的活动之一蓬勃发展起来，至今在日本举办过三届，在美国举办过两届，德国、法国、瑞典、澳大利亚、意大利、葡萄牙各举办过一届。很多世界一流大学和研究机构，比如美国卡耐基－梅隆大学和康奈尔大学、日本东京大学、美国太空总署（NASA）、法国国家机器人研究所以及日本索尼公司等，都投入了巨大的力量。一个国家或单位在 RoboCup 世界杯上的竞赛水平，是该国或该单位在本领域研究实力和国际地位的集中体现。RoboCup 机器人世界杯的竞赛目标是：2050 年前后，全自主机器人足球队将战胜人类足球的世界冠军队。

RoboCup 比赛项目主要有电脑仿真比赛（Simulation League）、小型足球机器人赛（Small-Size League）、中型自主足球机器人赛（Middle-Size League）、四腿机器人足球赛（Four-Legged Robot League）、拟人机器人足球赛（Humanoid League）等项目，如图 1.1 所示。除了机器人足球比赛，RoboCup 同时还举办机器人抢险赛（RoboCup Rescue）和机器人初级赛（RoboCup Junior）。机器人

图 1.1　2008 中国苏州 RoboCup 世界杯现场

抢险赛是研究如何将机器人运用到实际抢险救援当中，并希望通过举办比赛能够在不同程度上推动人类实际抢险救援工作的发展，比赛项目包括电脑模拟比赛和机器人竞赛两大系列。同时，RoboCup 为了普及机器人前沿科技，激发青少年学习兴趣，在 1999 年 12 月成立了一个专门组织中小学生参加的分支赛事 RoboCup Junior。

3. FIRA

FIRA（Federation of International Robot-soccer Association）是国际机器人足球联合会的缩写，于 1997 年第二届微型机器人锦标赛（MiroSot 97）期间在韩国成立的，如图 1.2 所示。FIRA 每年举办一次机器人足球世界杯赛（FIRA Robot-Soccer World Cup），简称 FIRARWC，比赛的地点每年都不同。第九届比赛于 2004 年 10 月在韩国举行，比赛项目主要包括拟人式机器人足球赛（HuroSot）、自主机器人足球赛（KheperaSot）、微型机器人足球赛（MiroSot）、超微型机器人足球赛（NaroSot）、小型机器人足球赛（RoboSot）、仿真机器人足球赛（SimuroSot）六项。详细规则可以查阅官方网站 www. fira. net。

图 1.2　FIRA 机器人足球比赛

1.1.2 机器人灭火竞赛

机器人灭火竞赛的想法是在1994年由美国三一学院的Jack Mendelssohn教授首先提出的。比赛是在一套模拟四室一厅住房的模型里进行，要求参赛的机器人在最短的时间内熄灭放置在任意一个房间中的蜡烛，如图1.3所示。参赛选手可以选择不同的比赛模式，比如，在比赛场地可以选择设置斜坡或家具障碍，在机器人的控制方面可选择声控和遥控，熄灭蜡烛所用的时间最短，选择模式的难度最大，综合扣分最少的选手为冠军。虽然比赛过程仅有短短几分甚至几十秒钟的时间，用来灭火的机器人体积也不超过31 cm^3，但其中包含了很高的科技含量。机器人装备了数据处理芯片、行走、灭火装置以及火焰探测器、光敏探测器、声音探测器、红外探测器和超声波探测器等各种仪器，这些设备使机器人好像长了脑子、眼睛、耳朵和手脚，从而能够根据场地的不同情况，智能性地完成避障、寻火、灭火等任务。目前，机器人灭火比赛已成为全

图1.3 机器人灭火竞赛

球最普及的智能机器人竞赛之一。

1.1.3 机器人综合竞赛

机器人综合竞赛无论是机器人足球比赛系列还是机器人灭火比赛系列都主要围绕着一个主题进行机器人竞赛。在国际上，除了这些机器人单项竞赛之外，还有把各项机器人竞赛组合在一起的比赛系列，即机器人综合比赛。这些比赛主要包括国际机器人奥林匹克竞赛和 FLL 世锦赛。

1. 国际机器人奥林匹克竞赛

国际机器人奥林匹克竞赛国际机器人奥林匹克委员会（IROC）是一个非营利性的国际机器人组织，成立于 1998 年，总部设在韩国，如图 1.4 所示。IROC 从 1999 年开始组织首届“国际机器人奥林匹克竞赛”，这是一项将科技与教育目的融为一体的亚太地区的竞赛，目的是为了使更多青少年有更多机会参加国际间的科技交流活动，展示自己的才华和能力，激发他们对科技和机器

图 1.4 国际机器人奥林匹克竞赛

人世界的不懈探索。

2. FLL 世锦赛

FLL（FIRST LEGO LEAGUE）世锦赛是另一个综合系列的机器人竞赛。FLL 是一个为全世界 9 ~ 16 岁的孩子们提供机器人竞赛的国际性组织，如图 1.5 所示。每年秋天，大赛组委会将统一向全球公布当年的 FLL 挑战赛主题，以及按照主题细化的具体比赛项目，参赛队要在任务公布后的两个月时间内设计出能够完成任务的机器人，参加区域选拔赛，优胜者可以进入全球决赛。2004 年 FLL 机器人工程课题挑战的主题是：使用机器人技术来帮助能力不同的人。具体比赛项目包括摆放 CD、玩篮球、爬楼梯、喂宠物、开门、读巴士站牌、推椅子、送餐和取眼镜等，主要目的是让孩子们体验残疾人的生活方式，引起孩子们对他们的关注，呼唤他们的爱心。FLL 每年的挑战主题都不同，有的是根据实际问题提出的，有的是引导孩子们进行科幻想象的，这些主题不仅有趣，更提供开放性的问题解决方案，学生可以用不同的方法达到同一项目标，从而鼓励学生充分发挥想象力、创造力，培养学生的开发性思维，可

图 1.5　FLL 世锦赛

见机器人竞赛已经成为一个能激发孩子们的学习兴趣、引导他们积极探索未知领域的良好的平台。FLL 的比赛项目还包括常规赛、足球赛、电脑机器人创意设计与动手比赛等。

1.2 国内机器人竞赛发展介绍

2001 年 6 月 26 日，中国自动化学会机器人竞赛工作委员会成立大会在清华大学隆重召开，该委员会将负责统一协调、组织全国的机器人竞赛活动，863 计划还提供了专项基金予以资助，标志着我国机器人竞赛事业进入一个崭新阶段。

中国自动化学会机器人竞赛工作委员会的宗旨是通过机器人比赛（主要包括 RoboCup 和 FIRA 两类机器人足球比赛）让更多的观众，尤其是青少年朋友了解机器人，喜爱机器人，普及现代科学知识，为我国的机器人事业培养更多的优秀人才，推动自动化与机器人技术的发展与创新，为我国的快速持续发展贡献力量。

20 世纪 90 年代末我国开始引进机器人竞赛，2000 年在长沙举办了我国首届“广茂达杯”中国智能机器人灭火大赛，2001 年由中国科协青少年工作部和霍英东基金会联合举办我国第一届中国青少年电脑机器人竞赛，以后每年举办一届，规模逐年增大。

2000 年 8 月，国家科技部委托国家 863 智能机器人主题办在北京召开了“中国机器人足球战略发展研讨会”，对开展机器人足球研究的意义、我国机器人足球的发展方向、如何将机器人足球的研制与国家的机器人基础研究结合起来、机器人足球的产业化前景等方面进行了深入探讨。

目前，我国的机器人竞赛主要有中国机器人大赛暨 RoboCup 公开赛、全国机器人足球锦标赛、CCTV - ROBOCON、中国青少年机器人竞赛。

1.2.1 中国机器人大赛暨 RoboCup 公开赛

中国机器人大赛暨 RoboCup 公开赛是国内最权威、影响力最大的机器人技术大赛和学术大会，基本覆盖了中国现有最顶级、最权威的机器人专家和日本、美国、德国等国家的知名机器人学者，是当今中国乃至亚洲机器人尖端技术产业竞赛和国际顶尖人才汇集的活动之一。大赛从 1999 年第一次在重庆举办后，每年举办一次，已在国内重要城市举办了十届，北京、上海、广州、合肥、苏州、济南、中山等地成功举办了历届大赛，如图 1.6 所示。

图 1.6　2008 中国机器人大赛

1.2.2　全国机器人足球锦标赛

1997 年 7 月，国际机器人足球联盟中国分会（简称 FIRA 中国分会）成立，分会设在哈尔滨工业大学，由洪炳镕教授担任主席。同年中国人工智能学会（CAAI）下设机器人足球工作委员会，由洪炳镕教授同时担任主任。自 1999 年开始到 2008 年，在 CAAI 和 FIRA 支持下，已经举办了 8 次全国锦标赛和 2 次 FIRA 世界杯机器人足球大赛，有力地推动了国内机器人足球的研究和发展，如图 1.7 所示。

1.2.3　CCTV – ROBOCON

中国中央电视台为了选拔能够代表中国参赛的代表队，自 2002 年开始举办中央电视台机器人电视大赛（简称 CCTV – ROBOCON ），以选拔队伍参加亚洲广播电视联盟亚太地区机器人大赛（ABU – ROBOCON），至今已成功举办了 7 届，如图 1.8 所示。

图 1.7　全国机器人足球锦标赛

1.2.4　中国青少年机器人竞赛

中国青少年机器人竞赛是在《2000—2005 年科学技术普及工作纲要》和《2001—2005 年中国青少年科学普及活动指导纲要》的倡导下，开展的一项适应 21 世纪青少年需求，富有时代性、创新性、参与性和普及性的青少年科普活动。从 2001 年举办第一届起，该活动在探索中逐步成熟，已发展成为汇集全国 31 个省、自治区、直辖市及港、澳地区青少年机器人技术爱好者共同参与，颇有影响的青少年示范活动，至今已经先后在广州（2001、2002）、郑州（2003）、南宁（2004）、西安（2005）、昆明（2006）、重庆（2007）、长沙（2008）成功举办了八界比赛。这项活动越来越受到广大青少年机器人爱好者的欢迎和社会各界的关注。少年机器人竞赛活动不仅为青少年提供了展现才智的平台，还积极架起了国内青少年与国外青少年互动交流的桥梁，如图 1.9 所示。

图 1.8　2009 亚太机器人大赛国内选拔赛

图 1.9　第九届中国青少年机器人竞赛

1.3 机器人水球比赛发展介绍

为促进机器人竞赛项目在中国的发展，提高国内机器人竞赛水平，鼓励原始创新性研究，获得自主知识产权，引领机器人技术的发展，机器人竞赛工作委员会在2007年的中国机器人大赛暨RoboCup公开赛中将水中机器人比赛项目列为中国机器人大赛的比赛项目。2008年，中国机器人大赛暨RoboCup公开赛成功举办了第二届水中机器人比赛，CCTV全程报道了此次比赛。

机器人水球比赛大致经历了以下五个发展历程。

1.3.1 提出概念

2006年，机器人竞赛工作委员会决定建立水中机器人比赛项目，其目的是为促进水中机器人竞赛项目在中国的发展，提高国内水中机器人竞赛水平，鼓励原始创新性研究，获得自主知识产权，引领机器人技术的发展。机器人竞赛工作委员会委托机器人竞赛工作委员会委员、北京大学副教授谢广明老师负责该赛事的制定、策划及实施。

1.3.2 首届机器人水球比赛成功举办

2007年，首届机器人水球比赛作为2007中国机器人大赛正式比赛项目在山东济南成功举办，首次创立的水中机器人竞赛全局视觉水球比赛主要包括2对2水球比赛、3对3水球比赛和技术挑战赛三个大项，如图1.10所示。

与其他比赛项目相比，水中机器人竞赛具有很多优点：机器人体积小，便于携带；场地大小适中，易于实施；技术挑战性极强，利于推动技术进步；观赏性极高，受到观众热烈欢迎。水中机器人比赛以仿生与智能协作为特点，不仅是科学技术进步的推动力量，同时为科学技术的普及也起了很大的作用。

首届比赛一共有10支队伍报名，实际参加比赛的有8支队伍，分别来自6个高校和科研院所，具体为北京大学、北京航空航天大学、北京交通大学、中科院自动化所、天津大学、广西工学院。比赛圆满成功！

图 1.10　2007 年举行首届机器人水球比赛

1.3.3　2008 年 RoboCup 机器人世界杯表演项目

2008 年 RoboCup 机器人世界杯大赛于 2008 年 7 月 14 日至 7 月 20 日在中国苏州举行，如图 1.11 所示。类似于武术项目进入奥运会一样，作为中国人首次提出的水下机器人竞赛项目被列为大赛的表演赛项目，首次向全世界展示

图 1.11　2008 RoboCup 机器人世界杯赛场

机器人水球比赛，中国中央电视台的新闻联播节目对水球比赛进行了采访报道。

1.3.4　2008 年中国机器人大赛规模扩大一倍

2008 年中国机器人大赛于 2008 年 12 月 5 日至 12 月 17 日在广东中山举行，这也是第二届机器人水球比赛，如图 1.12 所示。除了第一届举办的全局视觉比赛项目以外，还增加了自主机器人比赛等项目，有 10 多个队伍报名参赛，中央电视台对比赛进行了现场直播。

图 1.12　第二届机器人水球比赛

1.3.5　2009 第二届中国机器人水球冠军赛成功举办

2009 年 5 月 28 日至 5 月 30 日，“鑫泽杯”2009 中国机器人水球冠军赛（太原站）在太原理工大学成功举办。2009 年 5 月 28 日晚上，首先在太原理工大学工程训练中心多媒体教室举办了中国水下机器人技术研讨会，5 月 29 日上午 9 时许，大赛在太原理工大学北区清泽园音乐喷泉广场正式拉开帷幕。山西电视台、教育电视台、科教频道，以及新华社、太原日报、山西晚报、太原晚报、山西青年报等省城众多媒体对大赛进行了现场采访和报道，如图 1.13 所示。比赛同时举办了第二届水下机器人技术研讨会，评选了优秀学生论文，相关论文集皆在《机器人技术与应用》专刊发表。

图 1.13　2009 中国机器人水球冠军赛

1.4　机器人竞赛和机器人水球比赛的意义及发展前景

1.4.1　推动技术进步

RoboCup 机器人足球赛最重要的目的是检验信息自动化前沿研究，特别是多主体系统研究的最新成果，交流新思想和新进展，从而更好地推动基础研究和应用基础研究及其成果转化。通过竞赛，各种不同的新思想、新原理和新技术可以得到客观评价，因而 RoboCup 机器人足球世界杯赛和学术大会受到了世界各国，特别是美国、日本、德国等发达国家的高度重视。

机器人竞赛对机器人技术及其相关学科领域的发展起到了明显的推动作用，这在机器人足球系列比赛上体现得更加明显。比如，机器人足球比赛对机器人的视觉功能要求非常高，只有机器人装备的显卡性能越好，机器人的识别速度越快，运动速度才会越快，这样才能取得比赛的胜利，这就极大地促进了视觉技术的发展。机器人竞赛实际上是高技术的对抗赛，从一个侧面反映了一个国家信息与自动化领域基础研究和高技术发展的水平。机器人竞赛使研究人员能够利用各种技术，获得更好的解决方案，从而又反过来促进各个领域的发展，这也正是开展机器人竞赛的深远意义，同时也是机器人竞赛的魅力所在。

1.4.2 培养学生科技创造意识

机器人足球系列比赛以推动技术进步为主要着眼点，而其他综合性的比赛则更加侧重于教育意义。以 FLL 为例，FLL 的每个参赛队在每年的工程挑战赛主体公布之后，会有大约 8 个星期的时间来做准备工作，具体包括分析竞赛题目、设计解决方案、用乐高的配件搭建智能机器人模型、编写程序、反复不断地调试程序、优化程序和机器人结构，使机器人能够完成挑战赛的任务。在这 8 个星期的时间里，孩子们要想完成任务，就必须在互联网上搜集资料、向专家请教问题、到图书馆查阅资料以及与其他伙伴交流、探讨问题等，这同时也是一个面对实际问题、解决困难、克服障碍的过程。因此，孩子们除了学到了机器人相关知识之外，还能够在自尊心、沟通能力、动手能力等方面得到一定的提高。

1.4.3 促进中国水下机器人技术的发展

水中机器人比赛涉及非常广泛的领域，包括机械电子学、机器人学、传感器信息融合、智能控制、通信、计算机视觉、计算机图形学、人工智能等。更有意义的是，水中机器人比赛能够使研究和教育相结合。比赛与学术研究的巧妙结合更能激发青年学生的强烈兴趣，通过比赛培养青年学生严谨的科学研究态度和良好的技能。

开展水中机器人比赛，能够将多机器人协作技术的最新研究成果与实践结合起来，借助水中机器人比赛，对机器人协作技术的前沿研究成果进行检验，探索多个机器人在不可预测的动态环境中如何密切配合、协同作战，以使机器人协作技术更加成熟，加速机器人协作技术的商品化、产业化进程。

通过比赛还可以反映一个国家信息技术和自动化技术的综合实力，同时，多水下机器人协作在众多工程领域有广泛的应用前景。例如：多水下仿生机器人协作控制的研究有着广泛的军事应用前景，可以在水下资源探测、海上侦察搜救、海上多传感器采样网络，及其他军事任务等发面发挥重要作用。

1.4.4 参与建立国际机器人竞赛标准

水下机器人竞赛是首个由中国人自己提出的竞赛项目，目前，已经有越来越多的学校参与水中机器人比赛项目，相关人员也正在努力，力争尽快把机器人水球比赛变为国际机器人比赛项目，使其成为首个由中国人提出的国际机器人标准比赛项目。

第 2 章　比赛场地、设备及赛前准备

2.1　比 赛 场 地

比赛场地为长方形水池，场地示意图如图 2.1 所示。

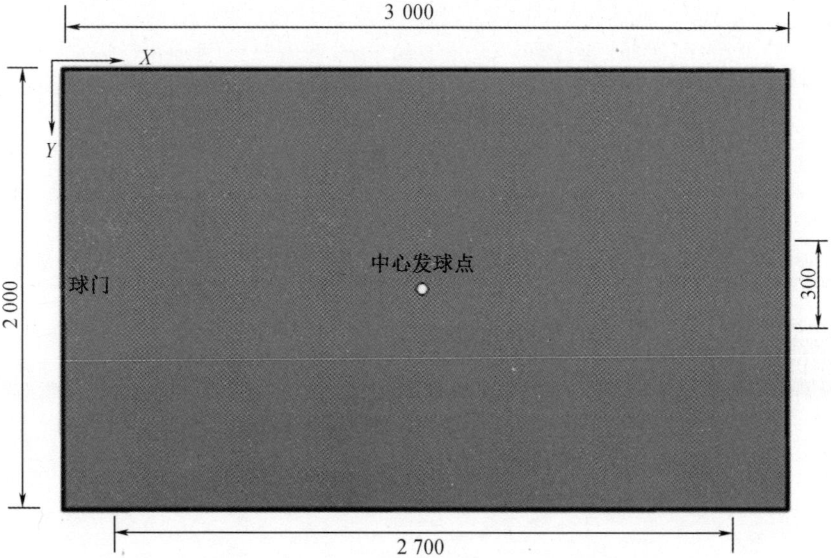

图 2.1　比赛场地示意图（单位：mm）

2.1.1　场地尺寸

水池内部的矩形区域为最终的有效比赛场地，不包括水池壁及球门两侧区域，有效比赛场地尺寸为 2 700 mm ×2 000 mm ×300 mm（长×宽×高），如图 2.1 所示。比赛场地由组委会统一提供。

2.1.2　颜色标注带

为了让机器鱼实现在场地内的自主定位，场地中布置了六个颜色带，均匀地垂直放置在池壁内侧，如下图 2.2 所示。场地中的六个颜色带从 0 号到 5 号依次为黄红、红绿、黄绿、红黄、绿黄和绿红，其示意图如图 2.3 所示。其中，两个球门位置分别为 0 号和 3 号标注带。每个标注带包含两个颜色块，每个颜色块的尺寸为 11 cm（宽度）×12 cm（高度），两个颜色块要完全没入水下。

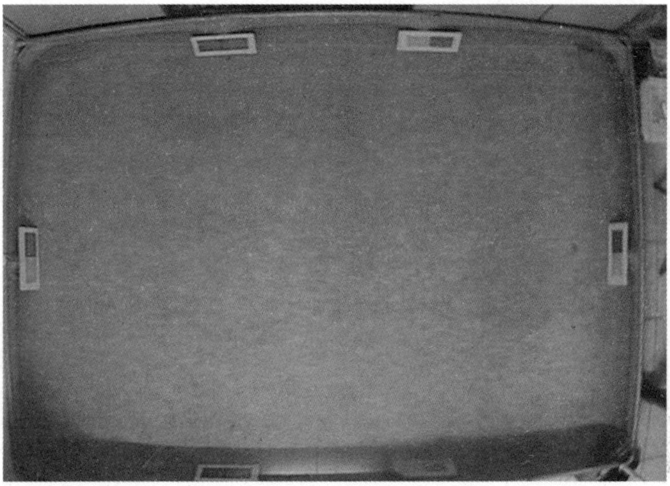

图 2.2　比赛场地及颜色标注带（单位：mm）

2.1.3　水深

场地水深为 200～250 mm。

2.1.4　颜色

池底和池壁为湖蓝色，球门颜色为黄色和绿色（或者两队自己设定的颜色），并用相应的颜色纸覆盖图 2.1 所示的球门区域。

2.1.5　球门

每个球门由尺寸为 400 mm ×150 mm × 300 mm（长 × 宽 × 高）的颜色带

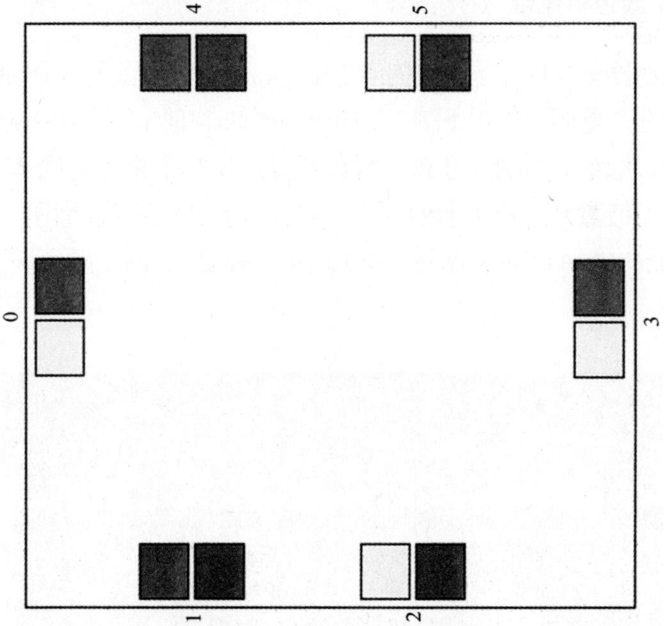

图 2.3　比赛场地颜色标注带示意图（单位：mm）

组成，球门宽度为 400 mm，球门线距离池壁大约 150 mm。

2.1.6　发球点

比赛只有一个发球点，位于场地中央，称为中心发球点。发球点是裁判在比赛开始或比赛中断重新开始情况下放置水球的位置。为防止水球漂移，主裁判可以采用湖蓝色球杆将球轻轻固定直至比赛开始，发球点用白色的小十字叉在池底标示出来。

2.1.7　点球点

点球点位于有效场地长边中线分别靠近双方球门线 400 mm 处。点球点用白色的小十字交叉在池底标示出来。

2.1.8　禁区和球门区

禁区是以球门线左右各延伸 200 mm 为长，与中心线平行 400 mm 为宽的矩形区域，用白线在池底标示出来；球门区是指球门线、两球门短边、池壁所围成的区域。

2.1.9 观众及其他

比赛过程中，场地周围 1 m 范围内除裁判外不得有观众或队员围观。除了球门、水球和参赛机器鱼、障碍物外，比赛场地中不得放入与比赛无关的任何设施或干扰物。

2.2 水　　球

2.2.1 材料

比赛用水球为塑料制的可充气按摩用健康球，充气后直径大约为 130 mm，颜色为深红色，在球中注入一定体积的水，使球悬浮在一个合适的深度（露出约 2/5 直径的高度便于机器鱼触球），水球由组委会统一提供。

2.2.2 更换水球

比赛过程中，若水球损坏，则由裁判决定暂停比赛以及更换水球，并确定重新开始时间。没有裁判的许可不得更换比赛用水球。

2.3 参　赛　者

2.3.1 硬件

硬件系统包括两台比赛电脑、两个具有无线功能的路由器、两根交叉网线和两个无线通信模块以及机器鱼。

机器鱼游动方向定义为长度，摆动方向定义为厚度，两者垂直方向定义为高。

鱼体长度：210 ~ 250 mm。

鱼体高度：80 ~ 100 mm。

鱼体厚度：60 ~ 80 mm。

尾鳍长度：80 ~ 110mm。

尾鳍高度：150 ~ 170 mm。

胸鳍尾鳍材料：采用实木或较硬塑料材料，不得用金属材料，以免在比赛中刮坏。

鱼体顶部颜色为队伍颜色，即红色或黄色，胸鳍、尾鳍颜色均为灰色。

每条机器鱼质量不得超过 3 kg；在不受挤压的情况下，机器鱼必须能够放进一个底面半径为 110 mm，高为 450 mm 的圆筒里面。

2.3.2 球队

一场比赛由两支球队进行，每支球队颜色由裁判组现场指定，机器鱼所守球门颜色为球队颜色。各队参赛队员最多 3 名，其中一名为队长。比赛开始后，队长和队员禁止接触比赛中的机器鱼。每支球队的参赛机器鱼数目不能多于规定数量。

2.4 机器鱼控制平台

各参赛队伍采用自己的控制平台进行图像识别和处理，采用自己的策略算法进行比赛。

2.5 无线通信

2.5.1 通信模块

机器鱼内置无限通信模块，比赛过程中可以和主机进行无线通信。

2.5.2 通信频率

比赛场地在比赛前已有固定的通信频率，参赛队伍可提前获知，并根据自己的参赛项目调整自己的参赛机器鱼。赛场上的频率调整要听从协调人员的安排。

2.5.3 调试频率

通信频率可调范围要扩充到最大，比赛频率要公开限定在某几个频率上，调试只能用自己的频率。

2.6 裁　　判

2.6.1 裁判选择

裁判由非本场参赛队伍选派三人担任，其中主裁判 1 人，副裁判两人。每支队伍必须至少选派一名队员作为主裁判或者副裁判候选人，这些队员必须熟悉比赛规则。主裁判负责控制整场比赛，副裁判负责一些辅助任务以帮助主裁判使比赛顺利进行。

2.6.2 主裁判职责

（1）赛前宣布比赛规则，检查场地设置，检查双方的机器鱼是否符合规定。

（2）开始、重新开始比赛，暂停、继续、结束比赛，宣布比赛结果。

（3）根据比赛规则判断机器鱼是否犯规，并对犯规机器鱼进行处罚。

（4）记录比赛时间，进球和比赛中断时暂停计时，重新开球后恢复计时；鸣哨罚点球时，计时不中断。

（5）记录双方比赛成绩。

（6）比赛开始后，禁止比赛双方远程遥控机器鱼，违者直接判罚输掉比赛（此时比分小于 0∶5，则最终比分为0∶5；否则此时的比分为最终比分）。

（7）比赛开始后，禁止参赛队员接触比赛中机器鱼，违者裁判可以进行适当处罚。

（8）如果比赛中出现机械或其他故障，参赛队伍可以向裁判提出申请，由裁判进行裁决，或中断比赛，或者继续比赛。

（9）开球时确保水球位于正确的位置上。主裁判调整球位置时使用的球杆必须为湖蓝色，以保证不对比赛双方颜色识别造成干扰。

（10）在比赛期间，裁判享有最终裁定权。如果队员对裁决有争论，给予黄牌警告；如若争论不止，则出红牌取消其比赛资格。

（11）比赛结束时双方队长必须在计分纸上签字确认。只有在计分出错的情况下，赛后才允许提出抗议。

（12）当比赛队员在裁判多次催促下仍未开始比赛的，裁判有权力终止比赛。

2.6.3 副裁判职责

（1）维护比赛秩序。

（2）禁止比赛无关人员进入比赛场地。

2.7 赛前准备

为确保机器鱼符合比赛要求，赛前将由赛会的技术委员检查各参赛队的机器鱼。比赛期间机器鱼若有修改，修改后的机器鱼必须再次接受检查。比赛前赛会必须公布比赛赛程，指定每场比赛双方的色标颜色，并为每个参赛队伍提供调试的时间。赛会应尽量安排每轮比赛前至少有 30 分钟的准备时间。比赛用移动硬盘或 U 盘保存自己的程序和数据。

2.8 迟到处罚

2.8.1 对抗比赛迟到处罚

参赛队伍每迟到 5 分钟（不足 5 分钟时以 5 分钟计算），敌方球队可获得一个入球；参赛队伍若在比赛开始 25 分钟后仍未到场，则丧失比赛权，敌方球队以 5:0 的分数胜出。

2.8.2 单项比赛迟到处罚

参赛队伍迟到 5 分钟(不足 5 分钟时以 5 分钟计算)，取消冠军争夺资格；迟到 10 分钟，取消冠亚军争夺资格；迟到 10 分钟以上者，此项比赛得分为 0 分。

第3章　比 赛 内 容

3.1　自主视觉水球比赛(1 VS 1)

3.1.1　比赛内容

1. 赛前准备

为确保机器鱼符合比赛要求,赛前将由赛会的技术委员检查各参赛队的机器鱼。比赛期间机器鱼若有修改,修改后的机器鱼必须再次接受检查。比赛前赛会须公布比赛赛程,并为每个参赛队伍提供调试的时间。赛会应尽量安排每轮比赛前至少有30分钟的准备时间。比赛用移动硬盘或U盘保存自己的程序和数据。

2. 场地选择

开始时,由裁判投掷硬币,由比赛双方队长猜测硬币朝向,猜对的一方首先挑选半场,另一方开球。

3. 开球位置

球的位置都位于场地中心发球点,所有机器鱼必须位于自己的禁区内,机器鱼尾置于底线上,且必须静止不动。

4. 开球

裁判鸣哨开球后,所有的机器鱼由各参赛队员手动启动。在裁判哨声前抢先启动的机器鱼将被警告,二次警告后将被移离比赛场地,并当作损坏处理。1 VS 1水球比赛开球效果图如图3.1所示。

5. 重新开球

下列情况必须重新开球:

(1) 比赛上下半场开始;

(2) 进球后重新开始;

(3) 比赛暂停后重新开始;

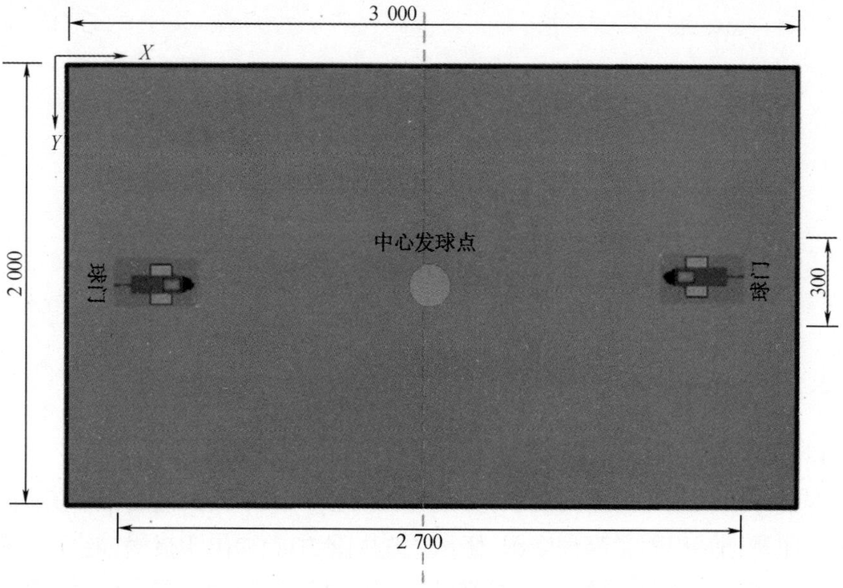

图 3.1　自主视觉 1 VS 1 水球比赛（单位：mm）

6. 比赛中断

如果双方机器鱼发生碰撞造成故障或发生其他特殊情况时，裁判可以鸣哨中断比赛，但是否继续计时，由裁判决定；裁判鸣哨恢复比赛，所有机器鱼回到自己半场，重新开球。

7. 更换机器鱼

比赛过程中，如果一方机器鱼出现故障，可以更换机器鱼，更换过程如下：

（1）更换方队长向裁判申请更换机器鱼；

（2）裁判同意进行更换机器鱼；

（3）裁判将更换后的机器鱼于水池中线靠边缘位置重新放置。

更换的机器鱼必须放置在水池中线靠边缘区域，并且方向不能对其进攻有利，机器鱼更换次数不受限制，被换出的机器鱼可以重新参加比赛。机器鱼更换过程中比赛不暂停。

如果故障是因为和对方机器鱼挤撞造成的，裁判可以决定是否继续比赛或者暂停比赛。比赛暂停和半场结束时，可以更换机器鱼，不需通知裁判。

8. 点球

如果一方机器鱼被另一方严重侵犯，那么裁判将判罚点球。点球由一条攻方机器鱼主罚，其他机器鱼必须关闭电源并且离开比赛场地。

罚点球时，水球放在对方半场点球点上，主罚机器鱼放在对方半场禁区线上，不设置守门员。主裁判鸣哨开始罚点球后，点球过程最长为 30 秒。如果进球或者超时，则点球结束。

9. 点球大战

如果比赛结果为平局且必须决出胜负，那么比赛双方将进行点球大战。点球大战最初包括两轮，两轮中进球更多的一方获胜。如果其中一方不可能获胜，即落后两球但只剩一轮罚球时，点球大战以另一方提前获胜而结束。如果两轮后仍然不分胜负，则采用金球直到决出胜负。

点球大战时，每轮点球都将主罚左边球门，罚球过程与普通点球主罚过程一致。

3.1.2 比赛时间

1. 时间

水球比赛中，比赛总时间为 5 分钟。比赛使用一个总计时器，除非比赛双方和裁判一致同意更改时间，否则比赛时间不会改变。

2. 暂停

水球比赛中，每队各有一次暂停权，可暂停 1 分钟。当水球位于己方半场，对方可暂停，己方不能暂停；当水球位于对方半场，己方可暂停，对方不能暂停。

3. 补时

水球比赛中，比赛过程若由于某种原因而中断，中断的时间统一结束时由裁判给出补时时间，补时时间不得超过 2 分钟。

4. 迟到处罚

参赛队伍迟到时，裁判可执行判罚：该队每迟到 5 分钟，敌方球队可获得一个入球；参赛队伍若在比赛开始 25 分钟后仍未到场，则丧失比赛权，敌方球队以 3:0 的分数胜出。

3.1.3 计分规则

1. 进球得分

在比赛正常进行情况下，如果水球整体越过球门线，由裁判鸣哨判定攻方球队进球得分，“乌龙球”视为对方进球。

2. 积分和名次

比赛中进球更多的球队获得比赛胜利，如果进球数相同，则比赛为平局。根据比赛结果球队按照下列规则获得积分：

获胜 = 3 分　　平局 = 1 分　　输球 = 0 分

小组赛时如果两支球队积分相同，那么按照下列规则决定球队名次：

（1）球队净胜球；

（2）每场比赛平均进球数；

（3）两支球队之间比赛胜负情况。

3.1.4 犯规以及处罚

1. 犯规

水球比赛中，以下情况被认为是犯规：

当水球整体位于禁区时，防守方最多只能有一条机器鱼在禁区内防守，如果守方有多于一条机器鱼进入禁区，则被判犯规；

当水球整体位于禁区时，如果守方机器鱼有任何部分进入球门区，则被判犯规。

2. 处罚

裁判应立即将犯规机器鱼拿出，于中线位置重新放置，放置过程遵循机器鱼更换过程。

3. 注意事项

机器鱼进入禁区的界定：机器鱼的任何部分在禁区内。

球进入禁区的界定：球的整体在禁区内。

进球界定：球整体在球门区内。

3.2 自主视觉技术挑战

水中机器鱼自主视觉技术挑战赛为单鱼顶球，场地与自主视觉水球比赛（1 VS1）场地相同。技术挑战赛赛前应推选由各队认可的三人裁判组，负责技术挑战赛的判罚和成绩记录。

3.2.1 比赛内容

机器鱼的起始位置位于中心线靠近池壁、朝向球的位置，水球的位置为中心发球点，目标是将水球顶入己方球门，如图 3.2 所示。

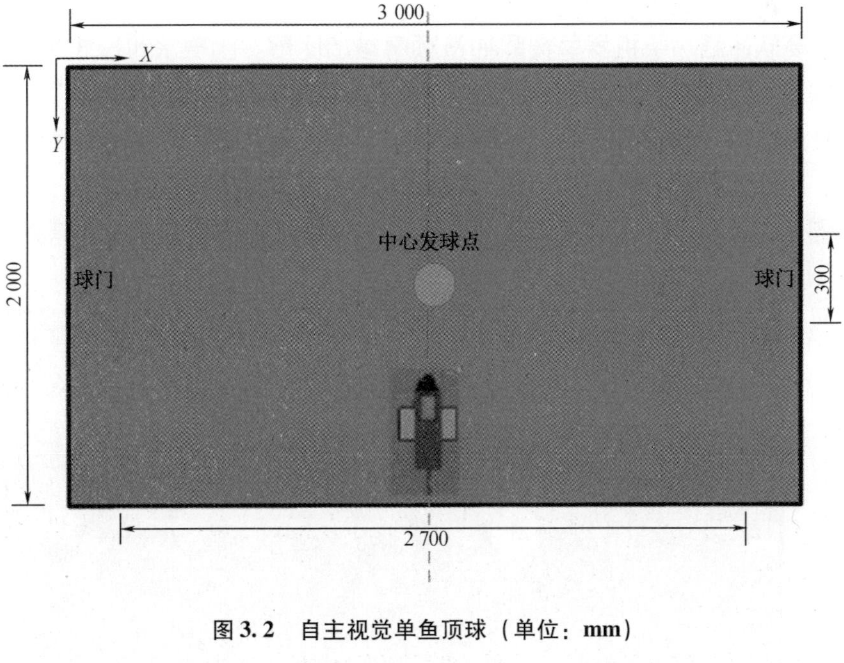

图 3.2 自主视觉单鱼顶球（单位：mm）

3.2.2 比赛时间

比赛时间为 5 分钟，比赛只进行一次，过程中不得暂停，不得遥控机器鱼。

3.2.3 计分方法

单鱼顶球项目由主裁进行计分。

（1）若进球，则记录进球所用时间。

以进球所用时间长短排序，时间最短者获得单鱼顶球项目第一名，得分为 n 分，n 为参赛队伍总数，第二名为 $n-1$ 分，以此类推。

（2）若未进球，则进球所用时间和名次都用“∞”表示，得分为 0 分。

3.3 自主视觉愤怒小鱼

3.3.1 比赛内容

参赛队各派一条机器鱼按照抽签顺序参加比赛。比赛水池长 3 米、宽 2 米。水池中安放 5 个圆筒形支柱，其中编号 1 和 3 的支柱为绿色，编号 2 和 4 的支柱为红色，编号 5 的支柱为黄色。每个支柱顶部放置一个装有真鱼的透明盒子，用来代表受困待救的小鱼。机器鱼从水池右侧池壁中心点出发，具体位姿如图 3.3 所示，逐一冲撞圆筒形支柱，使得支柱顶部的盒子能够落入水中

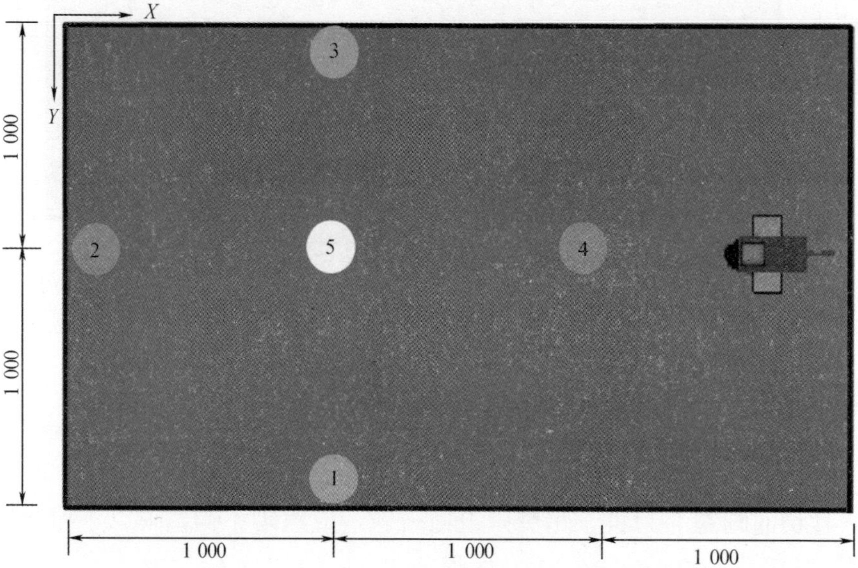

图 3.3　自主视觉愤怒的小鱼示意图（单位：mm）

(水球偏离设定位置),代表已营救受困的小鱼。

3.3.2 比赛时间

比赛时间为5分钟,比赛只进行一次,比赛过程中不得暂停。

3.3.3 计分规则

自主视觉愤怒的小鱼比赛项目由主裁判进行计分:

(1)比赛前机器鱼必须静止,裁判鸣哨后方能启动机器鱼。不得遥控机器鱼,如果发现手动遥控,则取消其比赛资格。

(2)比赛时间为5分钟,采用计分规则。推倒编号1,2,3的柱形障碍物分别记3分,推倒编号4和5的柱形障碍物记2分。若在5分钟内完成比赛,则记录完成比赛所用时间。以所用时间长短排序,时间最短者获得愤怒的小鱼比赛项目第一名,以此类推。

(3)若在5分钟内未完成比赛,则比较各队得分并按高低进行排名。若得分相同,则依据第一个落入水中盒子所用的时间长短计算名次,以此类推。

(4)比赛时间到达5分钟时,机器鱼必须自动停止,否则扣1分。

第 4 章　比赛关键技术——顶球

4.1　引　　言

机器人水球比赛，其基本形式是两队机器人进行对抗，将水球顶入对方球门次数多者为胜。参赛队伍要想取胜，就必须进更多的球，这就涉及一项基本的技术——顶球。顶球算法的优劣是衡量一支队伍实力的关键因素。本书在分析了几种典型的顶球算法，结合考虑影响进球的客观因素的基础上，提出了一种新颖的基于动作的机器人水球顶球算法。该算法秉承以头顶球为主的进攻模式，最大限度地利用机器人尾巴和身体击球，大大提高了进球的效率。

4.2　基本顶球算法

基本顶球算法先让机器人 Fish 沿直线运动到最佳射门点 G（最佳射门点 G 的求取参看切入圆顶球算法），再调整自身方向，然后前游顶球。整个过程一般要经过先加速后减速到 G 点，然后转角，最后加速顶球，过程如图 4.1 所示。

基本顶球算法原理简单，易实现，但实际顶球效果并不好，容易出现振荡现象。

（1）由于水中阻力小，目前比赛中用到的机器人没有制动机构，不能做到旋停，也不能倒退运动。即使尾部摆动频率降为零，机器人仍将沿着原来的运动方向漂移一段距离，这就造成了精确到达 G 点的困难性。

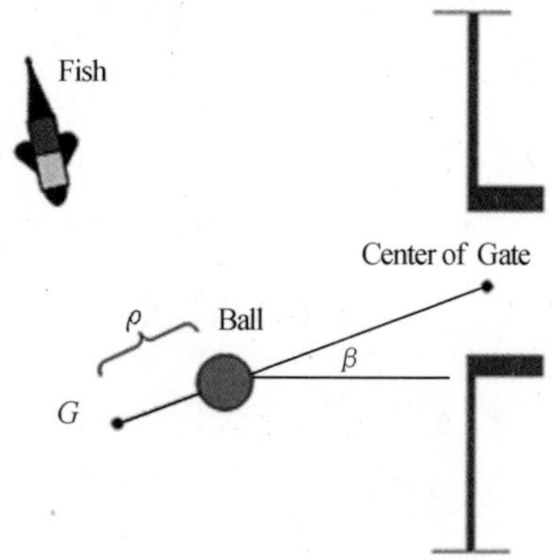

图 4.1　基本顶球算法

（2）受机器人硬件条件的限制，较大角度的转弯不能一次完成，多次转弯调整产生的水波会给环境造成更大的干扰，增加了控制的难度。

（3）如果机器人在球和对方球门之间，机器人为了达到 G 点可能会碰到球，极易为对方鱼助攻甚至出现“乌龙球”，这些是在比赛中常发生的。

4.3 切入圆顶球算法

4.3.1 基本思路

切入圆顶球算法的基本思路可描述为机器人先直线运动到切入圆上，再沿切入圆上的轨迹运动到最佳顶球点 G，最后以一定的速度顶球，如图 4.2 所示。

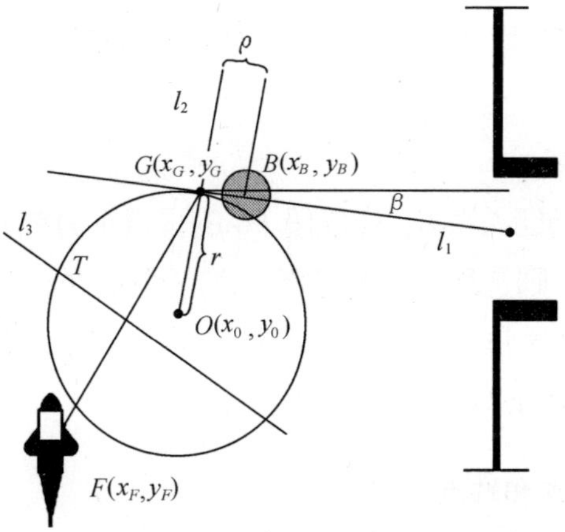

图 4.2 切入圆顶球算法

4.3.2 基本算法过程

1. 最佳射门点 G（x_G，y_G）的确定

其公式为

$$\beta = \arctan\left(\frac{y_C - y_B}{x_C - x_B}\right)$$

$$x_G = x_B - \rho\cos\beta$$

$$y_G = y_B - \rho\sin\beta$$

式中，x_G，y_G 为最佳顶球点的坐标；x_C，y_C 为对方球门中心坐标；x_B，y_B 为球的坐标；ρ 为常数，通常取比球半径稍大的值，可根据实际需求设定。

2. 确定切入圆

切入圆是指机器人运动到 G 点所经过的轨线。过 G 点作直线 l_1 的垂线 l_2，在 l_2 上取距离 G 点 r 的点 O；以 O 为圆心，r 为半径作圆恰与 l_1 相切于 G 点，圆 O 即为确定的切入圆。此处有以下两点需要注意。

（1）切入圆半径 r 的选取。r 为机器人最舒适转弯半径，所谓最舒适转弯半径即是机器人在某一通用转弯挡位下，游动速度最快下的转弯半径，通常取 55 cm。

（2）圆心 O 点的确定。圆心 O 选取应遵循点 O 与机器人 F 位于 l_1 的同侧。

3. 轨迹点的计算

连接机器人 F 与切入点 G，作线段 FG 的垂直平分线 l_3。若 l_3 与切入圆 O 相交且有两个交点，则选取横坐标值较小的那个点为轨迹点；若只有一个交点，则直接选取该点为轨迹点；若 l_3 与圆 O 没有交点，则先以 G 点为临时轨迹点。轨迹点的集合即为机器人的进攻路径。

4.3.3　算法优点和缺点

切入圆顶球算法可以引导机器人沿着指定的轨迹平滑地运动到最佳顶球点 G，同时机器人方向也调整到位，这样就同时消除了机器人与最佳进攻点 G 的角度和距离的误差。但是切入圆算法在实验和实际比赛中效果并不好，主要体现在：

（1）由于水波的扰动，球随时可能处于漂移状态，这使得规划出的切入圆进攻轨迹点不断变化，导致机器人长久处于位姿调整状态，贻误了顶球良机；

（2）该算法规划出来的进攻轨迹较长，在激烈的比赛环境中，往往我方机器人还未碰到球，球就已经被对方机器人劫走。

4.4 基于动作的顶球算法

基本顶球算法和切入圆顶球算法是目前机器人水球比赛中常用到的顶球算法，这些算法主要是在路径规划上作了较好的研究，这种思路是正确的，因为合理的路径规划可以调高机器人靠近球以及运动到目标点的效率，能够更好地完成顶球任务。但是在实际比赛中，这些顶球算法的表现差强人意。我们在进行顶球策略规划的时候，应该更多地考虑进球的效率，因此不得不考虑以下事实。

水下环境的复杂性和不确定性给系统带来大量的干扰，这些干扰很大程度上降低了控制的效率和准确度。理论上规划出的优秀进攻轨迹，目前研究下的机器人还不能做到很好的跟踪，难以达到理想的效果。

机器人鱼头是尖的，大量实验中发现机器人用头部顶球的成功率很低，特别容易顶偏。因此实际比赛场景中的进球往往不是机器人头顶着球，长途奔袭式的进球，大多数情况下是靠机器人反复调整，反复顶球，最终完成的（虽然在机器人靠近球时适当地减小机器人的速度，有利于机器人用头顶着球游动，但激烈的比赛环境中，水波波动较大，很难维持这种状态）。

基于上述种种事实，不妨可以考虑这样一种思路：先让机器人快速地趋近球，在距离球一定的范围内，根据机器人、球以及对方球门的坐标几何位置关系，仲裁机器人动作（不管是用头顶球，还是用身体蹭球，尾巴甩球，而且在某种程度上更倾向于用尾巴和身体完成击球动作，因为在此过程中即使机器人没有碰到球，激起的水波也有助于球漂向对方球门）。在这种思路的引导下，提出了一种基于动作的顶球算法，算法结构如图 4.3 所示。

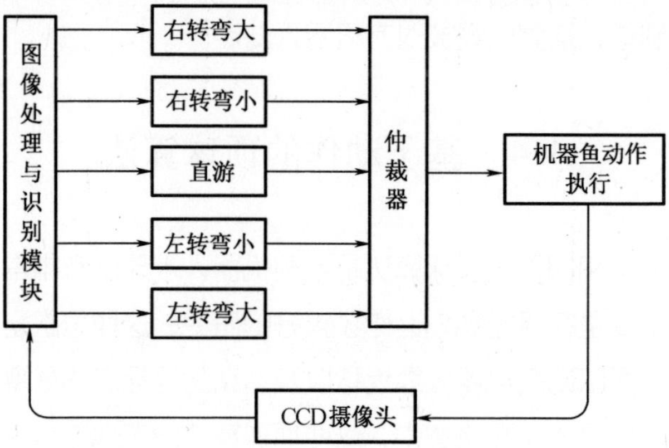

图 4.3　算法结构图

4.5　基于区域的顶球算法

机器人水球比赛和机器人足球比赛有许多的相同之处：目的都是将球攻入对方的球门网窝，都需要快速、准确地传球。球员通过传球和带球进攻，完成射门动作。不同之处在于机器人足球在陆地上，受环境的影响比较小；而水球比赛由于所处水环境具有复杂性、不确定性，因而控制机器人进行水球比赛具有一定的难度。由于水的波动性不仅影响球的位置，还影响鱼本身，影响水球之间的传接，所以让鱼将球顶进球门具有更大的难度。

在机器人 1 VS 1 比赛中，大家往往强调的只是进攻，然而盲目的进攻并不能达到比较好的效果，因此本书提出了一种基于区域的机器人顶球算法：首先对水池进行划分，采用分区域控制的原则，使得机器人在不同区域内的进攻和防守具有较强的目的性，从而能够更好地达到进球的目的。

足球机器人的区域划分比较明显，因此进球的效率比较高，因此这里我们采用足球机器人场地划分的思想也将水池划分为三个区域，即禁区 1（对方禁区）、禁区 2（我方禁区）、中间区，如图 4. 4 所示。

此处我们还要提一下水球比赛标准平台上的设置，我们首先确定水池的两侧坐标位置，分别为 X_{max}，X_{min}，由于水池的特殊性，水球不可能逃出水池的范围，所以若 ballpt. x < X_{min}，则 ballpt. x = X_{min}，此时处于禁区 1；若 ballpt. x > X_{max}，则

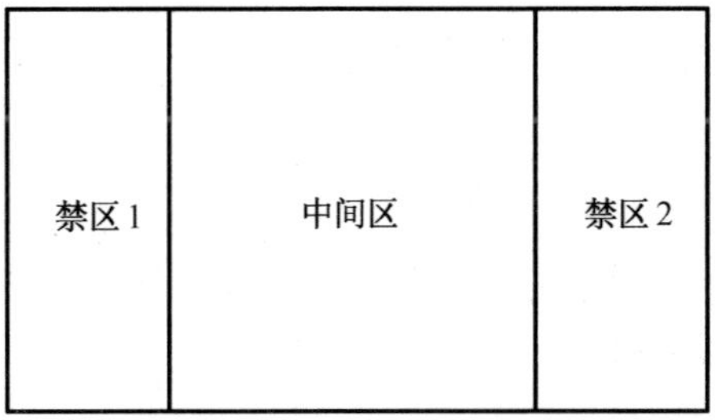

图 4.4 区域划分图

ballpt. x = X_{max}。

在不同的区域需采用不同的控制策略，下面分情况进行说明。

（1）禁区 2，也就是我方禁区，我们的策略主要是防守。防守策略包括：

①阻止对方机器人顶球射门；

②干扰对方带球机器人突破。

此时主要以球为中心，对方机器人射门需要一定的角度，但是由于水环境的复杂性和波动性，往往其进攻策略达不到预想的效果，因此我们在防守的时候主要寻找球所在的位置，这样目标明确，经过实验验证防守效果比较明显。

（2）中间区域，此区域是决定胜负的关键，谁能够在此区域抢到球，谁就能把握顶球的主动权，谁就能够获得取胜的先机。

由于在水中最难控制的就是机器人的方向问题，所以此处采用模糊控制来控制机器人的方向，通过模糊控制建立中间区域点到点控制。从而达到运动的高速、高精度，在运动学、动力学基础上进行准确的轨迹规划。

模糊控制的基本原理：通过全局摄像头获得距离信息和目标方向信息，并将此信息通过输入系统输送给计算机，经过计算机的仲裁，输出机器人的角速度和速度。为了更快地到达目标点，此处设置机器人的速度为最高挡 15。通过模糊控制我们实现了 PTP 的控制，此处的 PTP 控制是离散点的 PTP 控制，具有较大的优越性和较好的实时性。

PTP 控制便于及时、准确地找到球，参与进攻，使球快速地到达射门区。此处我们在策略类（CStrategy）中定义 point2point( )函数，此处的数据均为实验所得数据，实验效果比较明显，能够及时地把握战机。

在进行点到点控制的时候容易出现一个问题：机器人只能由其当前位置到

达球的中心所在位置，但是不会注意到它是否游过球，是否处于有利于进攻的位置。处理好这个问题是关乎整个顶球算法的关键。此处我们进行如下设置：如果鱼游过了球，就要通过快速转弯游到球的后方，这样既有利于机器人的进攻，又有利于机器人的防守，一举两得。

在禁区 1，也就是对方的禁区，此时我们主要考虑如何达到进球的目的。

此时将禁区 1 划分为两个区域：次要区域和主要区域，如图 4.5 所示。

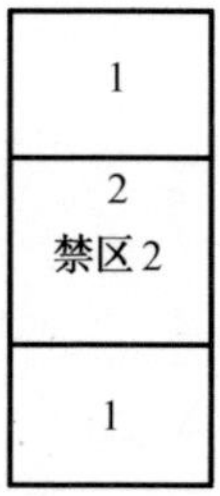

图 4.5　禁区划分

在主要区域内此时我们主要是要考虑如何快速、准确地把球顶进球门，因为拖延的时间越长，对方的机器人越有可能回来防守，使我们的进攻更加困难，进球的机会就会更小。此处我们采用如下原理：连接球门中心与球的球心，延长得到此虚线，根据机器人的顶球距离 d 确定虚线上的点，即 $S = d + r$。随着球在禁区内运动，虽然角度 θ 是不断变化的，但 S 的位置一直稳定。当球位于球门上方时，S 的位置始终位于球的右上角；当球位于球门上下方时，S 的位置始终位于球的左下角。

在次要区域内由实验分析我们可以知道，在禁区范围内，机器人不可能一直处于上述所处的进攻范围，在一定的情况下，机器人可能没有进攻的角度，即此时处于次要区域，机器人的进攻可以利用尾部甩球来实现球向目标球门靠近。实验中我们发现这种思路是可行的，而且能够增加机器人在禁区进攻的效率。在次要区域进攻中，如果没有射门的角度，就尽量把球推向敌方球门方向，造成混乱，以求得乱中取胜。

经过多次实验验证，此方法在进攻和防守时的效率比较高，能达到取胜的目的。

第 5 章　比赛关键技术——路径规划

5.1　移动机器人路径规划技术

5.1.1　引言

移动机器人是集环境感知、动态决策、行为控制与执行的多功能于一体的综合性系统，目前广泛应用于航空航天、军事侦察、安全医疗和家庭服务等行业。移动机器人的研究涉及许多领域，包括光学、机械、微电子、自动控制和人工智能等，由于其作业环境的复杂性，决定了路径规划技术在移动机器人研究中的重要地位。本书系统地阐述了移动机器人路径规划技术的研究现状和发展趋势。

5.1.2　路径规划技术分类

移动机器人路径规划技术就是移动机器人在具有障碍物的环境中按照一定的评价标准（如工作代价最小、行走路径最短、行走时间最短等），寻找一条从给定起点到达目标终点的无碰路径。移动机器人路径规划的方法可以按照不同的标准进行分类，根据算法的不同，分为传统路径规划和智能路径规划。传统路径规划大多基于图论的思想，通过一定的方法建立几何模型，进行空间路径搜索，包括自由空间法、图搜索法、栅格解耦法、动态规划算法等；智能路径规划是随着近年来人工智能的深入研究而发展起来的优化方法，其中有模糊逻辑法、神经网络法、遗传算法以及现在非常热门的仿生算法，如蚁群算法、人工免疫算法、粒子群算法、蜂群算法等。智能算法能够模仿人或者动物的经验和习性，具有良好的非线性逼近能力和自组织学习能力。第二种分类标准是根据规划体对环境信息的认知程度，分为基于已知环境模型的全局路径规划，基于传感器信息的局部路径规划。本书依第二种分类标准对各种路径规划方法进行阐述。

5.1.3 全局路径规划

全局路径规划，又称为静态或离线路径规划，作业的环境信息完全已知，主要方法有栅格法、可视图法、链接图法、概率路径图法、拓扑法等。

1. 栅格法

栅格法是由 W. E. Hovcden 在 1968 年提出的。栅格法将机器人的工作空间分解成一系列具有二值信息的网格单元，多数情况下采用四叉树或八叉树来表示，通过启发式优化算法搜索安全路径。在栅格法中，栅格大小的选取将直接影响算法的性能。栅格小，环境的分辨率就高，在密集障碍物或狭窄通道中发现路径的能力强，但环境信息的储存量大，规划时间长，降低了系统的实时性；栅格大，环境信息储存量小，决策速度快，抗干扰能力强，但环境的分辨率低，在相应环境中发现路径的能力变差。一般来说，选定的栅格大小通常与机器人的移动步长相适应。栅格法用栅格记录规划空间信息，其一致性和规范性使得空间中邻接关系简单化。在赋予环境中每个栅格一个通行因子后，路径规划问题就变成寻求两个栅格间最优路径问题。常用的启发式搜索算法有 A * 算法和 D * 算法。

2. 可视图法

可视图法的基本思想是将机器人视为一点，然后把机器人起始点、目标点和多边形障碍物的所有顶点用线段进行组合连接。如果起始点与障碍物顶点之间、目标点与障碍物顶点之间以及障碍物与障碍物顶点之间的线段不穿过障碍物，即称直线是可视的，如此生成的图称为可视图。由于可视图中所有线段均“可视”，所以搜索最优路径的问题就转化为通过这些“可视”的线段从起始点到目标点最短距离的问题，还可以通过优化算法来删除一些不必要线段以简化视图，提高搜索效率。用可视图法对移动机器人进行路径规划，由于忽略了机器人尺寸，易造成机器人通过障碍物时与障碍物的摩擦甚至碰撞。且该方法缺乏灵活性，不能解决障碍物为圆形的路径规划问题，也不适用于三维及三维以上空间。

3. 链接图法

链接图法用于移动机器人的路径规划，主要基于以下两点假设：

（1）移动机器人可视为在二维平面中运动，机器人用点来表示；

（2）规划环境的边界及障碍物可用凸多边形描述。

链接图的构造方法：

（1）依次连接所有障碍物顶点，作不与障碍物交叉的链接线，并删除一些没有必要的链接线，保证链接线与障碍物边界所围的每个自由空间是面积最大的凸边形；

（2）设置各链接线的中点为可能的路径点，并将机器人的起始点和目标点链接到所有可能的路径点上。

用链接图法进行路径规划具有灵活多变的特点，起始点和目标点的改变不容易造成连通图的重构；算法的复杂程度与障碍物的数量成正比，而且并不是在任何情况下都能获得最短路径。

4．概率路径图法

概率路径图法（PRM）是 20 世纪 90 年代初期由 M. H. Overmars、P. Svestka 等人提出的，其基本内容是通过在构型空间中随机采样构建 Roadmap 图，然后通过查询得到移动机器人的路径规划序列。PRM 算法的 Roadmap 图是以某种概率技术来构造的，这跟以前利用 Roadmap 图方法来确定方式构造的形式有很大的不同。该算法通过在构型空间中进行采样，对采样点进行碰撞检测，测试相邻采样点是否连接来表示路径图的连通性。PRM 算法的一个巨大优势在于，其复杂程度主要取决于路径搜索的难度，而跟整个规划空间的维数和大小无关。然而当规划的路径需要经过密集的障碍物或者需要经过狭窄的通道时，传统的 PRM 方法的效率变得很低，相关文献提出了一种采用分阶段混合采样策略进行改进的 PRM 法，能有效地解决这一问题。

5．拓扑法

拓扑法是由清华大学相关研究者提出的一种路径规划算法，其基本思想是先将规划空间分为自由空间、半自由空间和障碍空间的子空间，然后搜索每个子空间及与其相连的子空间，计算彼此之间的连通性，如此则建立了拓扑网络。路径规划是在拓扑网络上搜索从起始点到目标点的最短路径，即判断拓扑网络的连通性，从而大大减小了高维空间路径规划的难度。用拓扑法进行路径规划，一般不需要移动机器人的准确位置，这对于机器人移动过程中产生的位姿误差有很好的包容能力。但建立拓扑网略的过程非常复杂，特别是当空间中障碍物发生改变时，拓扑网的重构问题有待解决。

5.1.4 局部路径规划

局部路径规划，又称为动态或在线路径规划，作业环境部分未知或完全未知，主要方法有人工势场法、模糊逻辑算法、遗传算法、蚁群算法、人工免疫算法等。

1. 人工势场法

人工势场法是由 Khatib 和 Krogh 提出的一种虚拟力场法。它的基本思想是将移动机器人所处的空间虚拟为一个存在力的场地，并且把这种力分为引力和斥力，移动机器人所受的引力是由目标点产生的，随距离的增大而减小，斥力是由障碍物产生的，并随距离的减小而增大，整个势场是引力和斥力的矢量叠加。机器人沿着“势峰”间的“势谷”前进，从而绕过障碍物，到达目标点。人工势场法结构简单，便于底层的实时控制，且无需大量的计算，自动生成较光滑的路径，在实时避障和平滑轨迹控制方面得到了广泛应用。但人工势场法也存在着以下几方面的缺陷：存在陷阱区域，通过狭窄通道时摆动，在障碍物前震荡，动态环境适应性差，求出的路径可能不是最优路径。为了克服上述缺陷，已经研究出了一些改进方法，如重新定义势函数，减少或使之没有局部极小点；在局部极小点处引入一个“填平势场”来引导移动机器人走出局部极小点；还可以利用如模拟退火法、遗传算法、粒子群算法等搜索算法跳出局部极小点，具体可参阅相关文献。

2. 模糊逻辑算法

模糊逻辑算法是根据经验，通过查表来得到规划信息，实现局部路径规划。由于模糊逻辑算法基于实施传感信息，在处理动态变化或者未知环境下的路径规划问题时显示出巨大的优越性，具有较好的实时性，且克服了势场法容易产生局部极小值的问题，避开了传统算法中对环境信息依赖强的缺点；但对于模糊隶属函数以及模糊控制规则的设计，目前还没有系统的理论方法，主要靠人的经验，因此隶属函数和控制规则的设计成为实现模糊逻辑算法的关键。

3. 遗传算法

遗传算法是一种基于自然选择和群体遗传机理的搜索算法，它基于达尔文“物竞天择，适者生存”的进化原理，模拟了自然界的生存法则。遗传算法是一种全局优化算法，其算法流程是：首先初始化路径种群，将路径个体表述为路径上一系列的点，并进行参数编码；然后对参数编码的字符串抽象出来几个算子——选择、复制、交叉、变异进行遗传操作；经过特定进化次数或者达到优化目标即停止进化，输出当前优化的个体。

遗传算法主要的优点是：

（1）遗传算法是一种多线程的搜索算法，可同时对多个可行解进行遗传操作，从而产生新的可行解，一定程度上避免了陷入局部极小点；

（2）整体搜索策略和优化计算不依赖于梯度信息，只需可行解目标函数的值，因而解决了一些其他优化算法无法解决的问题，避免了复杂的理论推导。

遗传算法是一种多线程的搜索算法，可同时对多个可行解进行遗传操作。相关文献给出了一种基于粗糙集约简决策规则和删除冗余属性的方法，大大减小了遗传算法初始种群的规模，提高了规划效率。

4. 蚁群算法

蚁群算法是 20 世纪 90 年代意大利学者 M. Dorigo，V. Maniezzo，A. colorni 从生物进化的机制中受到启发，通过模拟自然界中蚂蚁搜索路径的行为而提出的。其原理可表述为：蚂蚁在觅食途中会留下一种外激素，蚂蚁利用外激素与其他蚂蚁进行交流和合作。经过某条路径的蚂蚁越多，外激素的强度就会越大，而蚂蚁择路偏向选择外激素强度大的路径。蚁群算法的提出，最初是为了求解旅行商问题，近些年的研究发现，蚁群算法在求解复杂优化问题时具有优势，是一种新型的无启发式优化算法，具有较强的发现路径的能力。蚁群算法可使规划出的路径具有较强的鲁棒性，它是一种基于种群的分布式进化算法，具有并行性，易与其他启发式算法结合，从而改善算法的性能；但蚁群算法的研究刚刚起步，没有系统的分析方法和坚实的数学基础，参数的选择多靠试验和经验，计算时间长，实时性差，有待进一步的研究。

5. 人工免疫算法

人工免疫算法是模仿自然界生物免疫系统的一种仿生智能算法，是通过学习生物免疫系统的功能、原理及特征并结合相关计算方法和理论而提出的。目前的免疫算法都是根据特定的问题提出的，Ishiguro 提出了一种互连耦合人工免疫网络模型，由此开创了免疫算法应用于移动机器人路径规划的新领域。由于进化方法通常存在“早熟收敛”和“收敛速度慢”等问题，相关文献应用基于免疫进化非选择机制进行移动机器人的路径规划，在进化过程中避免了糟糕个体的产生，加快了算法的收敛速度，同时也能在进化过程中通过随机加入路径来维持群体的多样性，防止早熟收敛。

5.1.5 移动机器人路径规划技术未来展望

随着计算机、传感器技术以及人工智能的发展，路径规划技术已取得大量的成果。相比之下，全局路径规划的研究已经比较成熟，动态路径规划的研究还在发展阶段，很多理论与方法还需要在今后的研究中不断完善。从目前的研究动向来看，路径规划技术有以下发展趋势。

（1）路径规划的性能指标要求提高。这些性能指标包括实时性、安全性、可达性、鲁棒性等。评价一种路径规划方法的好坏应当通盘权衡几种指标。一种好的路径规划方法既要能规划出好的路径，又要能达到移动机器人系统实时性的要求，还要保证由于动态环境的不确定性、传感器采集信息的不完整性或者移动机器人自身结构的限制和缺陷等因素所带来的干扰下的安全性和鲁棒性。因此，如何使路径规划的性能指标达到更好是目前算法研究的一个重要课题。

（2）传统的路径规划方法与智能算法的交叉融合。新的智能算法如模糊控制、遗传算法、神经网络逐渐引入到路径规划中来，促使了各种方法的融合发展，各种方法取长补短，催生一些更优秀的算法。因此如何把各种方法的优点融合到一起以达到更好的效果亦是一个有待探讨的问题。

（3）基于功能行为的路径规划方法。传统的基于认知环境模型的功能规划方法必须建立在精确环境地图模型的基础上，难以适应动态多变环境中的路径规划，缺乏自主性和灵活性。近年来发展起来的基于反应式行为的方法是一种从感知到动作的直接映射，类似于人的膝跳反射，提高了机器人对环境变化的适应力和反应速度，但缺乏必要的理性。基于功能行为的方法实现了以上两类方法的优势互补，既提高了移动机器人的反应速度，又使其具有较高的理性和学习能力。

（4）多传感器集成与信息融合技术。移动机器人在未知或动态环境中进行路径规划所需要的信息都是由传感器检测得到的。由于单个传感器采样精度和范围有限，难以保证检测信息的完整、可靠，不足以决策其行为，于是多传感器集成和信息融合技术在移动机器人路径规划上得到了广泛应用。多传感器所获得的信息具有冗余性、互补性、实时性和低代价性，可以快速并行分析现场环境。信息融合技术通过一定的技术手段，总结融合了多传感器数据资源，使决策系统得到更全面的信息，获得对环境的正确理解。多传感器集成与信息融合技术的发展和应用大大提高了机器人对环境的理解程度，增强了移动机器人路径规划的可靠性和鲁棒性。

（5）多移动机器人路径规划。随着机器人工作范围的不断扩大和工作任务越来越复杂，单个机器人很难完成人们所规定的任务，这就需要多个机器人之间进行合作和协调，既提高了机器人工作的效率，又可以解决因工作环境发生变化或机器人系统局部出现故障时所造成的工作停滞，这些都显示了开展多机器人系统以及多机器人路径规划研究工作的必要性。多机器人路径规划比单个机器人路径规划要复杂得多，从目前国内外研究的现状来看，规划多机器人路径需要更多地考虑机器人之间的协调和合作式的路径规划。

5.1.6 结论

移动机器人的全局路径规划和局部路径规划并没有本质上的区别，很多方法既适用于全局规划又可用于局部规划。无论采用哪种方法进行路径规划，基本上都要遵循以下两步：

（1）环境建模；

（2）搜索路径。

随着空间探测和无人战争的发展需要，移动机器人的研究也越来越注重于在崎岖地形和存在大量障碍物的复杂环境中自主导航，为了满足这种要求，路径规划技术将会向着高维自由度机器人、多机器人协调、动态未知环境中的规划发展，这些都有待于进一步深入探索和研究。

5.2 路径规划方法详解

5.2.1 人工势场法

人工势场法是将机器人运行空间虚拟成一个存在力的场地，并且把这种力分为引力和斥力。首先在机器人的运动空间中创建一个势场 U，该势场由两部分组成：一个是引力场 Uatr，方向指向目标点；另一个是斥力场 Urep，方向指向远离障碍物方向。整个势场 U 是其引力部分和斥力部分的矢量叠加。人工势场法由 Khatib 提出，采用与位置有关的势函数来进行机器人避障控制。该方法使机器人具有较好的适应实时变化环境的能力，但只采用与位置有关的势函数容易产生局部极小点。Krogh 把机器人相对于障碍物的速度引入势场函数，即把障碍物对机器人的紧迫性引入势场，在一定程度上可以消除局部极小点，并排除对机器人不构成威胁的障碍物的干预，使势场的假设更合理。

相关文献中将势函数的方法改进为先用此方法规划出次优的全局路径，然后再用此方法对局部环境进行修整，得出实时变化环境的局部路径，而且将该方法用于任何维数的空间中。定义任意维环境下的凸区域的不等式为

$$g(x) \leqslant 0, g \in L^m, x \in R^m \tag{5.1}$$

其中，L 为线性函数集，此时得到的标量函数为

$$f(x) = \sum_{i=1}^{\text{no. of bound. seg}} [g_i(x) + |g_i(x)|] \tag{5.2}$$

通过该标量函数可以看出，0 在该区域内部，并且该函数值随着距离的增加而线性变化。于是可以构造出一个势函数为

$$p(x) = |\sigma + f(x)|^{-1} = \frac{1}{\sigma + \sum_{i=1}^{\text{no. of bound. seg}} [g_i(x) + |g_i(x)|]} \tag{5.3}$$

式中，σ 为一个比较小的常数。通过实际的事例证明了此种势函数适合于任何维数的环境，而且其计算时间较短、速度较快。

相关文献则是针对于目标点和障碍物都是运动的情况下来设计吸引力和斥力势函数，并且加入了威胁系数，能较好地处理时变的情况。其中斥力势函数选择为如下形式：

$$F_{or} = (\eta \boldsymbol{OR}) \sqrt{D_{ro}^{-1} + (D_{ro})_{\max}^{-1}} / (D_{ro})^2 \tag{5.4}$$

式中，η 为函数的比例系数；D_{ro} 是机器人和障碍物之间的欧几里得距离；$(D_{ro})_{\max}$ 为机器人与障碍物能产生影响的最大距离，其中最大距离的选择和机器人的最大速度以及控制周期相关；$\boldsymbol{OR}$ 是由机器人指向障碍物的一个矢量。选择引力函数的原则是产生引力让机器人以最快的时间运动到目标位置。

因此引力函数选择为

$$\boldsymbol{F}_{rg} = \xi \boldsymbol{RG}$$

式中，ξ 是函数的比例系数，$\boldsymbol{RG}$ 为机器人指向目标点的向量。因此此时的合力为

$$\boldsymbol{A}_r = \boldsymbol{F}_{rg} + \boldsymbol{F}_{or}$$

在实际运动中，仅仅只考虑机器人和障碍物的运动速度是不够的。因此提出了一种带威胁系数的势函数的方法。如当障碍物背离机器人运动时，障碍物对机器人的影响比较小或可以视为没有任何影响；当障碍物朝向机器人运动时，障碍物对机器人的威胁比较大，则相应的威胁系数就得设置较大。

然后通过威胁系数等，得出了以下的合势力

$$A = n_1 F_{rg} + n_2 e_{or} F_{or} + n_3 V_g + n_4 e_{or} V_{add}$$

式中，e_{or}为威胁系数，详细的计算方法参考相关文献，n_1，n_2，n_3，n_4 是通过实践得出的一些参数，V_g 为障碍物的运行速度，V_{add}为机器人相对于障碍物的移动速度在 y 方向的速度。实验也证明了增加威胁系数后的有效性。

人工势场函数的构造方法有静电学方法、不可压缩流体动力学方法、气体扩散方法、机械压力方法和热传导的方法等，其中热传导方法是基于热的流动和热传导的特点而得出的。热的流动是一个矢量，在某种意义上说，它指向负的温度梯度。在温度场中，温度下降点和任意点之间都是温度单调递减的。因此热量自然总是流向温度下降点，而不会流向无法导热的区域。基于这些特点，可以将障碍物、机器人、目标点之间的一些运动特性用热量传导的方式很好地联系起来。

利用热传导的方式可以得出优化的函数和优化的算法。其中的优化函数为

$$R_t = C\int_0^L \frac{1}{K(x)^{\omega}} \mathrm{d}L$$

其中，R_t 为导热的热阻；C 是一个常量，用来决定热阻的大小；ω 是一个参数，用来决定热导率 K 的强度；L 是热流路径的长度。静电学的方法就是假定目标点、障碍物和移动机器人都带有一定正负性的电荷，利用其产生的势场大小以及方向来确定机器人的移动路径。

利用此种静电学方法，通过引入分数势函数来获得更好的路径规划的效果，针对移动的障碍物，在位置势函数的基础上叠加了速度势函数，使势函数更加合理，更加体现机器人和障碍物之间的相互影响关系。其中的引力势函数选取为

$$U_{att}(\boldsymbol{p},\boldsymbol{v}) = \alpha_p \|\boldsymbol{p}_{tar}(t) - \boldsymbol{p}(t)\| + \alpha_v \|\boldsymbol{v}_{tar}(t) - \boldsymbol{v}(t)\|$$

其中，$\boldsymbol{p}_{tar}(t)$和$\boldsymbol{p}(t)$分别为 t 时刻障碍物和机器人的位置；$\boldsymbol{v}_{tar}(t)$和$\boldsymbol{v}(t)$则分别为 t 时刻障碍物和机器人的速度；α_p，α_v 是正的标量参数，用来调整势函数构造结构。接下来就是如何选择斥力势函数的问题。由于障碍物有一定的移动速度，所以在机器人向目标点运行时，需要考虑机器人与障碍物之间的相对速度。下式为机器人相对于障碍物的速度：

$$\boldsymbol{v}_{RO}(t) = [\boldsymbol{v}(t) - \boldsymbol{v}_{obs}(t)]^{\mathrm{T}} \boldsymbol{n}_{RO} \tag{5.5}$$

式中，$\boldsymbol{n}_{RO}(t)$ 为由机器人指向障碍物的向量，$\boldsymbol{v}_{obs}$是目标的速度。通过分析得知，当$\boldsymbol{v}_{RO}(t) \leqslant 0$ 时，此时机器人背离障碍物运动，因此此时不需要考虑避

障。而当$\boldsymbol{v}_{RO}(t)>0$时，此时机器人需要考虑避障问题。那么假设机器人处于需要考虑避障问题的情况，此时假设机器人的最大加速度为$\alpha_{\max}$，于是可以计算出此时机器人相对于障碍物速度减为零时，所移动的距离为

$$\rho_m=\frac{\boldsymbol{v}_{RO}(t)^2}{\alpha_{\max}} \tag{5.6}$$

式中，ρ_m表示机器人在相对速度降为0时所行走的路程。考虑式（5.5）和式（5.6）后，可以得出斥力势函数为

$$U_{rep}(\boldsymbol{p},\boldsymbol{v})=\eta\left(\begin{array}{c}0,\boldsymbol{v}_{RO}\leqslant 0\\ \dfrac{1}{\rho_s(\boldsymbol{p}(t),\boldsymbol{p}_{obs}(t))-\rho_m}-\dfrac{1}{\rho_0}\end{array}\right),\boldsymbol{v}_{RO}(t)\geqslant 0$$

分数势函数则可以定义为

$$V_n(r)=W^{\tau}E(\gamma)=\frac{q}{4\prod\varepsilon_0}W^n\left(\frac{1}{\gamma^2}\right)$$

因此可以得到相应的危险系数等级函数为

$$U_n(\gamma)=\frac{V_n(\gamma)-V_n(\gamma_{\max})}{V_n(\gamma_{\min})-V_n(\gamma_{\max})}$$

得到的分数势函数之后，可以更加方便地得知环境中的障碍物的信息。实验也证明了此种分数势函数的方法可以有效地得出最优路径。

人工势场法也是存在一些缺点的，其缺陷主要有以下几个方面：

（1）存在陷阱区域；

（2）在障碍物前震荡；

（3）在狭窄通道中摆动；

（4）在动态环境中的适应性差；

（5）求解的路径可能是次优的路径。

5.2.2 模糊逻辑法

自从1965年美国加利福尼亚大学控制论专家Zadeh提出模糊数学以来，其理论和方法日臻完善，并且广泛地应用于自然科学和社会科学各领域。把模糊逻辑应用于控制则始于1972年。模糊控制建立的基础是模糊逻辑，它比传统的逻辑系统更接近于人类的思维和语言表达方式，而且提供了对现实世界不精确或近似知识的获取方法。模糊控制的实质是将基于专家知识的控制策略转

换为自动控制的策略，它所依据的原理是模糊隐含概念和复合推理规则。

有关模糊控制器和系统的设计与分析，大多建立在经验的基础上，至今还缺乏系统的理论指导。一般来说模糊控制系统按输出误差和误差的变化对过程进行控制。首先将实际测得的精确误差 e 和误差变化经过模糊处理而变换成模糊量 Δe，e 在采样时刻 k 误差和误差变化的定义为

$$e_k = y_r - y_k$$

$$\Delta e_k = e_k - e_{k-1}$$

上式中 y_r 和 y_k 分别为表示设定值和 k 时刻的过程输出，e_k 为 k 时刻的输出误差。用这些量来计算模糊控制规则，然后变换成精确量对过程进行控制。

模糊控制器（Fuzzy Logic Controller，FLC）基本上由模糊化、知识库、决策逻辑单元和去模糊化四个部件组成，其功能如下。

（1）模糊化部件：检测输入变量 e 和 Δe 的值，进行标尺变换，将输入变量变换成相应的论域；将输入数据转换成合适的语言值，它可以看成是模糊集合的一种标志。

（2）知识库：包含应用领域的知识和控制目标，它由数据和语言（模糊）控制规则库组成。数据库提供必要的定义，确定 FLC 的语言控制规则和模糊数据操作。规则库由一组语言控制规则组成表征控制目标和论域专家的控制策略。

（3）决策逻辑：模糊控制系统的核心。它基于模糊概念，并用模糊逻辑中模糊隐含和推理规则获得模糊控制作用，模拟人的决策过程。

（4）去模糊化接口：进行标度映射。将输出变量值的范围转换成相应的论域，去模糊化，并从推理规则获得精确的控制作用。

与传统控制理论相比，模糊控制有两大不可比拟的优点：第一，模糊控制可以有效且便捷地实现人的控制策略和经验，这一优点自模糊控制诞生以来就一直被广泛强调；第二，模糊控制可以无需被控对象的数学模型即可实现较好的控制，这是因为被控对象的动态特性已隐含在模糊控制器输入、输出模糊集及模糊规则中。

两个选择模糊控制的标准：第一个标准是被控对象的数学模型未知，但根据经验或知识判断它是较强的非线性系统或非线性时变系统，或非线性带时延系统；第二个标准是当 PID 控制已被实验证明不能取得令人满意的控制效果。机器人为一复杂的非线性控制对象，目前还没有合适的数学模型用于其路径规

划，采用 PID 控制也很难取得较好的效果。

5.2.3 蚁群算法

1. 提出

蚁群算法（Ant Colony Algorithm）是由意大利学者 M. Dorigo 等提出的一种基于种群的启发式仿生进化系统，应用该方法解决了一系列的组合优化问题。蚁群算法最早用于解决著名的旅行商问题（Traveling Salesman Problem，TSP），采用了分布式正反馈并行计算机制，易于与其他方法结合，具有较强的鲁棒性。

2. 系统模型的建立与发展

（1）建立

通过对自然界真实蚂蚁觅食的观察发现，蚂蚁在寻找食物的过程中，会在其经过的路径上留下一种被称为“信息素”的化学物质，该物质会影响其后蚂蚁在路径上的选择。信息素越低，则其后蚂蚁选择该路径的机会就越少；信息素浓度越高，其后蚂蚁选择该路径的机会就越大。

（2）发展

根据具体的问题，M. Dorigo 曾提出三种不同的模型，分别称为蚁周系统（Ant-cycle System），蚁量系统（Ant-quantity System），蚁密系统（Ant-destiny System）。

在时刻 t，蚂蚁在城市 i 选择城市 j 的转移概率 $p_{ij}^{k}(t)$ 为

$$p_{ij}^{k}(t)=\begin{cases}\dfrac{\tau_{ij}^{\alpha}(t)\eta_{ij}^{\beta}(t)}{\sum\limits_{s\in \text{allowed}}\tau_{is}^{\alpha}(t)\eta_{is}^{\beta}(t)}, & j\in \text{allowed}\\ 0, & \text{otherwise.}\end{cases}$$

式中，allowed = $\{0, 1, 2, \cdots, n-1\}$，表示蚂蚁 k 下一步允许选择的城市；η_{ij}为边（i，j）的能见度，反映由城市 i 转移到城市 j 的启发程度；τ_{ij}为边（i，j）上信息素的轨迹强度；j 为未访问的城市；α，β 为两个参数。

经过 n 个时刻，蚂蚁完成一次循环，各路径上的信息量根据下式调整

$$\tau_{ij}(t+1)=\rho\tau_{ij}(t)+\Delta\tau_{ij}(t,t+1)$$

$$\Delta\tau_{ij}(t,t+1)=\sum_{i=1}^{m}\Delta\tau_{ij}^{k}(t,t+1)$$

式中，$\Delta\tau_{ij}^{k}(t,t+1)$ 表示第 k 只蚂蚁在$(t,t+1)$时刻留在路径(i,j)上信息素的

量；$\Delta\tau_{ij}(t,t+1)$ 表示本次循环中路径(i,j)的信息素增量；$(1-\rho)$ 为信息素轨迹的衰减系数。

其中对于 $\Delta\tau_{ij}^{k}(t,t+1)$，不同的系统具有不同的要求。

蚁量系统：

$$\Delta\tau_{ij}^{k}(t,t+1)=\begin{cases}Q, & \text{若第 } k \text{ 只蚂蚁在本次循环中经过路径}(i,j),\\ 0, & \text{其他.}\end{cases}$$

蚁密系统：

$$\Delta\tau_{ij}^{k}(t,t+1)=\begin{cases}\dfrac{Q}{d_{ij}}, & \text{若第 } k \text{ 只蚂蚁在本次循环中经过路径}(i,j),\\ 0, & \text{其他.}\end{cases}$$

蚁周系统：

$$\tau_{ij}(t+n)=\rho_1\tau_{ij}(t)+\Delta\tau_{ij}(t,t+n)$$

$$\Delta\tau_{ij}(t,t+n)=\sum_{k=1}^{m}\Delta\tau_{ij}^{k}(t,t+n)$$

其中

$$\Delta\tau_{ij}^{k}(t,t+n)=\begin{cases}\dfrac{Q}{L_k}, & \text{如果蚂蚁 } k \text{ 在本次循环中经过路径}(i,j),\\ 0, & \text{其他.}\end{cases}$$

从上述方程可以得到这三个模型的不同点。

（1）局部信息素的更新：Ant-quantity System、Ant-destiny System，其中 Ant-quantity System 与距离 d 成反比，说明短路径对蚂蚁有更大的吸引力。

（2）全局信息素的更新：Ant-cycle System。

经过一系列测试实验表明，Ant-cycle Algorithm 优于其他两种算法。现在 Ant-cycle Algorithm 模型通常被称为蚂蚁系统，其他两种模型被舍弃。虽然被舍弃，但是局部信息素的优点还是值得我们继续探讨的，所以局部信息素的方法还一直被使用。

蚂蚁系统的关键是信息素的更新方法，相关文献对其进行了总结，以下就是各改进系统的更新规则：

带精英策略的蚂蚁系统：

$$\tau_{ij}(t+1)=\rho\cdot\tau_{ij}(t)+\Delta\tau_{ij}(t)+\Delta\tau_{ij}^{*}(t)$$

$$\Delta\tau_{ij}(t)=\sum_{k=1}^{m}\Delta\tau_{ij}^{k}(t)$$

其中

$$\Delta\tau_{ij}^{k}=\begin{cases}\dfrac{Q}{L_k}, & 如果蚂蚁 k 在本次循环中经过路径(i,j),\\ 0, & 其他.\end{cases}$$

基于优化排序的蚂蚁系统：

$$\tau_{ij}(t+1)=\rho\tau_{ij}(t)+\Delta\tau_{ij}+\Delta\tau_{ij}^{*}$$

其中

$\Delta\tau_{ij}=\sum_{\mu=1}^{\sigma-1}\Delta\tau_{ij}^{\mu}$ 表示 $\sigma-1$ 只蚂蚁在城市(i,j)之间根据排名对信息素轨迹量的更新；

$$\Delta\tau_{ij}^{u}=\begin{cases}(\sigma-\mu)\dfrac{Q}{L^{\mu}}, & 如果第 \mu 只最好的蚂蚁经过历经(i,j),\\ 0, & 其他.\end{cases}$$

$$\Delta\tau_{ij}^{*}=\begin{cases}\sigma\dfrac{Q}{L^{*}}, & 如果边(i,j)是所找出的最优解的一部分,\\ 0, & 其他.\end{cases}$$

其中，μ 为最好蚂蚁排列的顺序号；$\Delta\tau_{ij}^{\mu}$表示由第 μ 只最好蚂蚁引起的路径（i，j）上的信息素量的增加；L^{μ} 是第 μ 只最有蚂蚁的路径长度；$\Delta\tau_{ij}^{*}$ 表示由精英蚂蚁引起的路径（i，j）上的信息素的增加；σ 为精英蚂蚁的数量；L^{*} 是所找出的最优解的路径长度。

蚁群系统：

主要在蚂蚁系统基础上作了三方面的改进：

（1）转台转移规则为更好、更合理地利用新路径和利用关于问题的先验知识提供了方法；

（2）全局信息素的更新规则只应用于最优的蚂蚁路径上；

（3）在建立问题解决方案的过程中，应用局部信息素更新规则。

最大 - 最小蚂蚁系统：

在每次循环之后，只有一只蚂蚁进行信息素的更新。这只蚂蚁可能是已找出当前循环中最优解的蚂蚁，也可能是找出从实验开始以来最优解的蚂蚁。

更新规则如下：

$$\tau_{ij}(t+1)=\rho\tau_{ij}(t)+\Delta\tau_{ij}^{\text{best}}$$

其中，$\Delta\tau_{ij}^{\text{best}}=1/f(s^{\text{best}})$，$f(s^{\text{best}})$表示迭代最优解($s^{ib}$)或全局最优解($s^{gb}$)的值。

为避免搜索的停滞（由于正反馈机制造成的），每个解的元素上的信息素轨迹量的值域范围被限制在$[\tau_{\min},\tau_{\max}]$区间内。若$\tau_{ij}(t)>\tau_{\max}$，则设置$\tau_{ij}(t)=\tau_{\max}$；若$\tau_{ij}(t)<\tau_{\min}$，则设置$\tau_{ij}(t)=\tau_{\min}$。

为了使蚂蚁在算法的初始阶段能够更多地搜索新的解决方案，将信息素轨迹初始化为$\tau_{\max}$。

最优－最差蚂蚁系统：

其基本思想就是对最优解进行更大限度的增强，而对最差解进行削弱，使得属于最优路径的边与属于最差路径的边之间的信息素差异进一步增大，从而使蚂蚁的搜索行为更集中于最优解的附近。

该算法主要修改了蚁群系统中的全局更新公式。当所有蚂蚁完成一次循环后，增加对最差蚂蚁所经过的路径信息素的更新。若（r，s）为最差蚂蚁路径中的一条边，且不是最优蚂蚁路径中的边，则该边上的信息素量按照下式调整

$$\tau(r,s)=(1-\rho)\tau(r,s)-\varepsilon\frac{L_{\text{worst}}}{L_{\text{best}}}$$

其中，ε为该算法引入的一个参数，L_{worst}表示当前循环中最差蚂蚁的路径长度，L_{best}表示当前循环中最优蚂蚁的路径长度，$\tau(r,s)$表示城市r和城市s之间的信息素轨迹量。

3. 蚁群算法的特点

（1）优点

①正反馈机制。经过蚂蚁越多的路径，后续蚂蚁选择该路径的可能性就越大，通过信息素的不断更新能够很快地发现较优解，并最终收敛到最优路径上。

②通用性较强。算法模型只需要做很少的修改就可以用于其他的启发式算法组合优化问题。

③分布式并行计算。算法能在全局多点同时进行解的搜索，具有并行性，易于实现。

（2）缺点

①易陷入局部最优解。蚁群算法也是在寻找一个比较好的局部最优解，而不是强求全局最优解。

②停滞问题。与算法开始时收敛速度快一样，在算法工作过程中，当迭代到一定得次数后，蚂蚁可能在某个或某些最优解的领域发生停滞。

③搜索时间长。尽管蚁群算法在迭代次数和解的质量上具有一定的优势，但是由于计算机网络的现实情况，还是需要较长的搜索时间。

4. 蚁群算法在路径规划中的应用

最开始蚁群算法主要应用在 TSP（Traveling Salesman Problems）方面，它是一个闭合回路，如图 5.1 所示，是在 30 个城市间寻找一条最短路径的示意图。

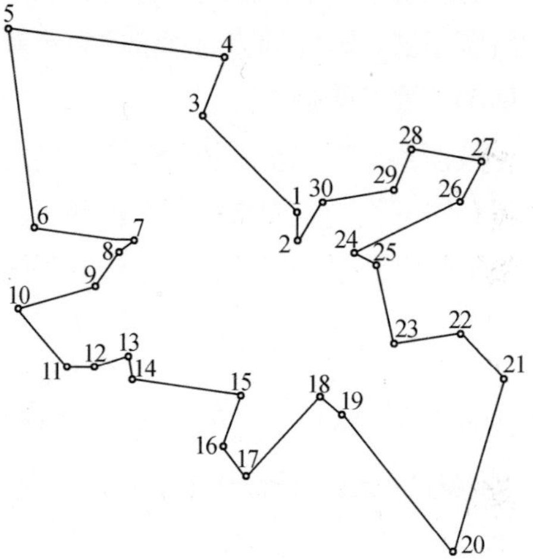

图 5.1　在 30 个城市间寻找最短路径示意图

路径规划与 TSP 的不同之处是：蚁群算法是在起始点与目标点之间寻找一条最优路径，所以在应用的时候要对其进行改进。可以将空间设置为三个区域，即起始区域、障碍物区域、目标区域。算法规定使得蚂蚁由起始区域，越过障碍物区域，最终到达目标区域的目标点。

路径规划的重点是：利用信息素的更新问题进行规划，正如以上所讲的各种“信息素”的更新方法一样，蚂蚁会沿着信息素浓度高的路径运动。同时影响路径规划的因素还与参数设置、蚂蚁的数量、蚁群的分布、障碍物的数量等有关。在算法工作过程中，同时还要考虑到，当迭代到一定次数后，蚂蚁可能在某个或某些最优解的领域发生停滞，陷入局部最优解的问题。此时可以加入一些奖励或者惩罚机制，使其跳出局部最优。

机器人路径规划就是在障碍有界空间内找到一条从起始点到目标点的无碰撞并且能够满足一些特定要求的、令人满意的路径。近几年许多学者开始用蚁群算法在这方面进行了一系列的研究工作，为有效地解决机器人避障问题，并扩展其适应性作了具体的分析，如在蚁群算法中，修改避障系数可以得到不同的优化轨迹。虽然对复杂环境下的机器人路径规划进行了初步尝试，但是还有好多的工作需要进一步开展。尤其在水下机器人方面，由于水环境的复杂性和不确定性，我们要考虑的问题就更多，如何实现陆地机器人那样准确的规划是我们面临的挑战。

5.3 机器人路径规划实例分析

5.3.1 改进的 DT（Distance Transform）方法

1. 传统的 DT 方法

和一般的路径规划器不同，DT 方法从目标位置反向搜索路径。在栅格化环境中，从目标位置开始的距离传播视为一个波，该波前（Wave Front）沿空闲栅格传播。如图 5.2 所示，对于环境中任意给定的起始点，其到目标点的最短路径可通过使用最速下降法搜索而得到。

DT 方法最初由 Jarvis（1989）针对时变（Time-varying）环境提出来的，它将三维的环境信息用二维的拓扑图或栅格地图以及时间变量来描述，以实现最优无碰路径搜索。

该方法的要点如下：

（1）在 DT 的栅格地图中，任一时刻的目标栅格的距离传播代价为 0；

（2）在 DT 的栅格地图中，任一时刻的障碍物和边界栅格的距离传播代价为 9999；

（3）在距离波传播的过程中，不仅目标栅格的距离传播代价为 0，其他栅格的值也均为非 0；

（4）假定在采样间隔 T 时间段内，障碍物信息保持不变，栅格的距离传播代价由前一时刻的值和周围栅格的值共同来决定。

假设栅格地图的尺寸为 $M\times N$，其中任一个栅格表示为 cell(i,j)，$0\leqslant i<M$，$0\leqslant j<N$；时间用 t 表示，其中 $0\leqslant t<T$，$t=0$ 表示当前时刻，$t=T$ 表示从当前时刻以后的 T 时刻，在这在这一时间段内环境信息保持为真。DT 的主要工作就是确定 cell(i,j)的距离代价并搜索相应的最短路径，即按照从上到下、从左到右的方

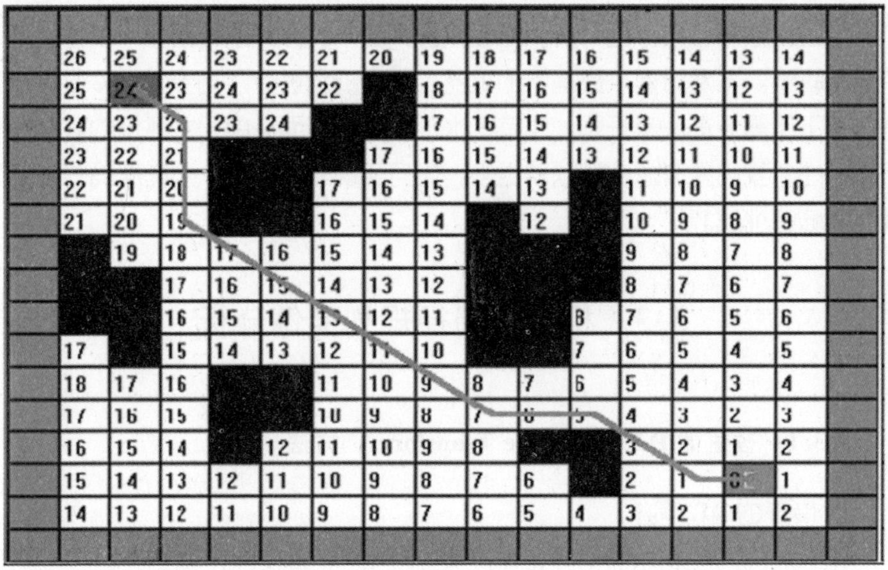

图 5.2　距离转换路径规划示意图

式逐一对每个栅格的 DT 值评估：

For t = T − 1→0

For i = 1→M do

For j = 1→N do

if cell(i,j) not zero and infinite then

cell(i,j) = min{ cell(i,j,t+1), cell(i−1,j+1,t+1)+d, cell(i,j+1,t+1)+v, cell(i+1,j+1,t+1)+d, cell(i+1,j,t+1)+h, cell(i+1,j−1,t+1)+d, cell(i,j−1,t+1)+v, cell(i−1,j−1,t+1)+d, cell(i−1,j,t+1)+h }(3−2)

这里，v 为垂直运动的代价，h 为水平运动的代价，d 为对角运动的代价。

从上面的搜索过程可以看出，栅格地图中的每个栅格都要处理多次。如果地图尺寸很大，用于搜索的时间将大大增加，因此有必要对上面的搜索过程进行改进以提高算法效率。

2. 改进的 DT 算法及其实现

在传统的 DT 方法中，采用逐行逐列的光栅式搜索可能要对一个栅格处理数次。在下面改进的搜索方法中，引入先进先出（FIFO）的链表结构，使每个栅格只需处理一次，如表 5.1 所示。

表 5.1　DT 值标定过程中的栅格分类

栅格类型	方 位	搜索栅格数	搜索栅格描述
1	左上角	3	右，下，右下
2	右上角	3	左，下，左下
3	左下角	3	右，上，右上
4	右下角	3	左，上，左上
5	上边沿	5	左，右，下，左下，右下
6	下边沿	5	左，右，上，左上，右上
7	左边沿	5	上，下，右，右上，右下
8	右边沿	5	上，下，左，左上，左下
9	非边沿	8	上，下，左，右，左上，左下，右上，右下

在每个控制周期内：

（1）对栅格地图初始化：将边界的 DT 值设为 INF1，障碍物 DT 值设为 INF2，其余栅格的 DT 值设为 0。这里，INF1 和 INF2 应设定较大整数。

（2）DT 值标定：从目标栅格（Goal）开始，按照不同的栅格类型（见表 5.1）搜索所有的栅格，如果所搜索到的栅格的 DT 值为 0，表明此栅格没有被搜索过，将其加入到栅格链表 List_buffer，根据式（5.2）确定其 DT 值。接着从 List_buffer 中取出下一个栅格，按照其栅格类型搜索邻接栅格，如果其 DT 值不为 0，表明此栅格已标定过，取两者中的小值。重复上面的过程，直到 List_buffer 中的所有栅格都被搜索。将目标点 Goal 的 DT 值标定为 0。

（3）路径标识：从起始点 Start 开始，按照最速下降法搜索邻接栅格，直到找到 DT 值为 0 的目标点 Goal。

根据上面改进的 DT 方法，进行计算机仿真，其界面如图 5.3 所示。该程序可随意设置栅格地图大小、起始点、目标点及障碍物的位置，并能测试其执行时间。在图 5.3 中，栅格地图为 15 × 15，起始点为 cell(3,3)，目标点为 cell(14,13)，黑色填充的栅格均为障碍物，取 $v = h = 1$、$d = 2$，计算机的执行时间仅为 3.38 ms，能满足多机器人协调系统的实时规划要求。

5.3.2　基于模糊势场法的机器人路径规划

为了更好地说明如何应用人工势场法规划仿生机器人的运动路径，下面首先说明该路径规划的环境。在大小确定的水池环境中，给定机器人的起始运动

图 5.3　DT 的计算机仿真界面

点和机器人的目标点。在该水池环境中，有一个位置不固定且运动着的障碍物，障碍物的位置信息可以通过颜色识别的方式得到。机器人被控制从起始点运动到目标点，在运动过程中，需要避开动态障碍物，而且机器人的运动路径是近似最短路径。机器人路径规划的环境原理图以及实际图如图 5.4 所示。

进行路径规划的机器人以及障碍物的运动模拟图如图 5.5 所示。其中用于路径规划的机器人的坐标为（x_1，y_1），其运动速度为 v_1，方向角为 α_1；障碍物的坐标为（x_2，y_2），其运动速度为 v_2，方向角为 α_2；目标点的位置坐标为（x_g，y_g）。机器人的控制量有两个，分别为速度挡值 vspeed、角速度挡值 wrotate。障碍物的速度值 v_2 和角速度值 w_2 是时变的，其精确值不传递出来作为机器人路径规划时的信息。则动态障碍物的速度值、角速度和方向角可以利用式（5.7）估计出来。

$$u_2(k) = \frac{\sqrt{[x_2(k) - x_2(k-1)]^2 + [y_2(k) - y_2(k-1)]^2}}{T}$$

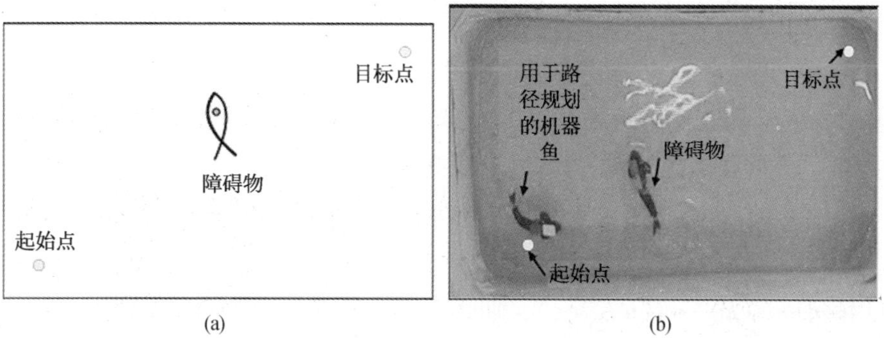

图 5.4　路径规划场景图

（a）路径规划环境原理图；（b）路径规划环境实际图

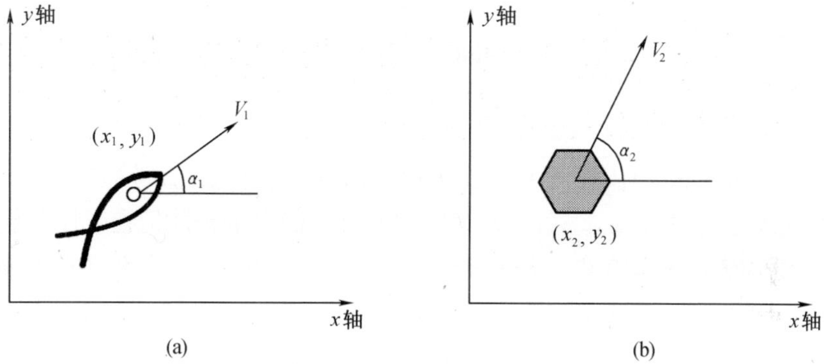

图 5.5　运动模拟图

（a）机器人运动模拟图；（b）障碍物的运动模拟图

$$w_2(k) = \left| \arctan2 \frac{[y_2(k) - y_2(k-1)]}{[x_2(k) - x_2(k-1)]} - \arctan2 \frac{[y_2(k-1) - y_2(k-2)]}{[x_2(k-1) - x_2(k-2)]} \right| / T$$

$$\alpha_2(k) = \arctan2 \frac{[y_2(k) - y_2(k-1)]}{[x_2(k) - x_2(k-1)]} \tag{5.7}$$

其中，假设采样周期为 T，并且 kT 简写为 k。$(x_2(k-1),\ y_2(k-1))$、$(x_2(k-2),\ y_2(k-2))$为 $k-1$、$k-2$ 时刻障碍物的位置坐标。函数 arctan2 是构造出来的一个函数，其功能类似反正切函数，但其值域为$(\pi,\ -\pi)$。

人工势场法中将机器人受到的力分为两种，分别为吸引力 F_a 和排斥力

F_r。吸引力的引入主要是为了使机器人朝着目标点运动，而排斥力的引入主要是为了防止机器人碰到运动着的障碍物。

首先分析排斥力。假设障碍物与进行路径规划的机器人能产生影响的最大距离为 $d_{\max}$，最小安全距离为 $d_{\min}$。障碍物与机器人之间的相对速度为 $u_r(k)$。则该相对速度可以通过式（5.8）计算得到。

$$u_r = (v_2(k)\cos\alpha_2(k) - v_1(k)\cos\alpha_1(k), v_2(k)\sin\alpha_2(k) - v_1(k)\sin\alpha_1(k)) \tag{5.8}$$

并且假设 $u_r(k) = (u_{rx}, u_{ry})$，则此时的斥力函数 $F_r(k)$ 选择为

$$F_r(k) = \begin{cases} 0, & u_{rx} > 0_{\text{ord}} > d_{\max} \\ \beta(d_{\max} - d)^2, & d_{\min} < d < d_{\max} \\ \beta(d_{\max} - d_{\min})^2, & d < d_{\min} \end{cases} \tag{5.9}$$

并且斥力的方向角为

$$\alpha_{F_r} = \arctan\frac{y_1(k) - y_{2\text{estimate}}(k)}{x_1(k) - x_{2\text{estimate}}(k)} \tag{5.10}$$

其中在式（5.9）中 d 可以利用下式计算得到

$$d = \sqrt{(x_1(k) - x_{2\text{estimate}}(k))^2 + (y_1(k) - y_{2\text{estimate}}(k))^2}$$

式中，$(x_{2\text{estimate}}(k), y_{2\text{estimate}}(k))$ 是障碍物下一时刻的预测位置，用于更好地避免机器人碰到该障碍物，因此该预测的位置在计算公式中用到的速度量是障碍物相对于机器人的速度，该计算公式为

$$x_{2\text{estimate}}(k) = x_2(k) + u_{rx}T$$

$$y_{2\text{estimate}}(k) = y_2(k) + u_{ry}T$$

在式（5.9）中，容易发现斥力的大小在一定的时候是和距离差的平方成正比的，那么比例系数 β 的选择在一定程度上将会影响到规划路径的特性。为了更加形象地体现参数 β 的作用，这里将其称为障碍物对机器人运动的威胁系数。该威胁系数是依据条件自动调整的，其调整规律如下：

$$\beta = \beta_{\text{last}} - \xi\frac{\partial\{[x_1(k) - x_2(k)]^2 + [y_1(k) - y_2(k)]^2\}}{\partial\beta_{\text{last}}}$$

其中，ξ 为正常数，通常选择为 0.01 ~ 0.08。

吸引力函数 $F_a(k)$ 选择为

$$F_a(k) = \varepsilon \tag{5.11}$$

其方向角为

$$\alpha_{F_a} = \arctan \frac{y_g - y_1(k)}{x_g - x_1(k)} \tag{5.12}$$

在式（5.11）中，$\varepsilon = 40m$，m 是一个常数，表示吸引力与最大速度值的一个倍数关系。

结合式（5.9）、式（5.10）、式（5.11）和式（5.12），可以得出进行路径规划的机器人的合力 F 以及方向角 α_F 为

$$F = \sqrt{[F_a(k)\cos\alpha F_a + F_r(k)\cos\alpha F]^2 + [F_a(k)\sin\alpha F_a + F_r(k)\sin\alpha F_r]^2}$$

$$\alpha_F = \arctan \frac{F_a(k)\sin\alpha F_a + F_r(k)\sin\alpha F_r}{F_a(k)\cos\alpha F_a + F_r(k)\cos\alpha F_r}$$

从上式中可以得到合力的最小值 $F_{\min} = \varepsilon - \beta\ (d_{\max} - d_{\min})^2$。假设 $F_{\min} = 0$，则能够得到 β 的初始值为

$$\beta = \frac{\varepsilon}{(d_{\max} - d_{\min})^2}$$

利用人工势场法得到的机器人所受的合力可以转化为机器人期望运动的速度 v_d 以及运动方向 α_d，与其合力关系为 $v_d = g(F)$，$\alpha_d = \alpha_f$。其中函数 $g(F)$ 的表达式为

$$g(F) = \frac{F}{m}$$

结合机器人当前的位置和方向，利用模糊控制方法就能够得到机器人的控制指令（速度挡，方向挡）。图5.6为利用模糊控制方法规划水下机器人运动的机理框架。假设机器人当前的运动方向 a 和运动速度 v_s，则有

$$\begin{aligned} v_s(k) &= \sqrt{[x(k) - x(k-1)]^2 + [y(k) - y(k-1)]^2} \\ \alpha &= \arctan \frac{y(k) - y(k-1)}{x(k) - x(k-1)} \end{aligned} \tag{5.13}$$

式中，$(x(k), y(k))$ 以及 $(x(k-1), y(k-1))$ 分别表示机器人当前时刻和上一个时刻的位置坐标。在得到机器人期望的运动速度、期望的运动方向以及当前时刻的运动速度和运动方向后，假设 e_v 和 e_a 是人工势场法得到的期望的机器人的运动速度和运动方向与当前机器人运动速度和运动方向的偏差值。

在得到速度和运动方向的偏差值后，对偏差进行模糊化。将速度偏差值模糊化为大负偏差（BNZ）、中负偏差（MNZ）、小偏差（SZ）、中正偏差（MPZ）、大正偏差（BPZ）；将方向偏差值模糊化为为大负偏差（BNZ）、中负偏差（MNZ）、小偏差（SZ）、中正偏差（MPZ）、大正偏差（BPZ）。为了实

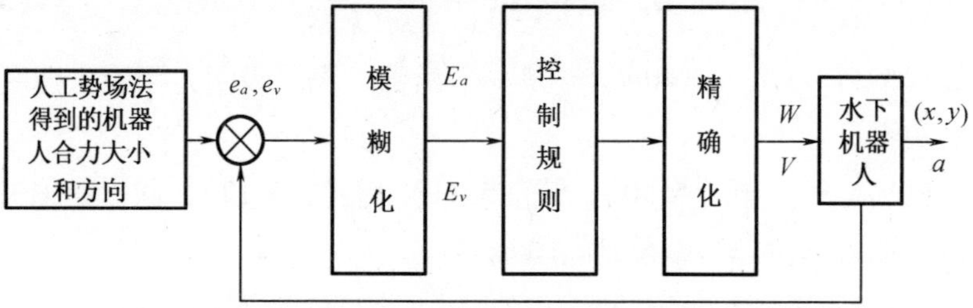

图 5.6　用于规划机器人运动的模糊控制结构图

现较快的控制效果，这里得到的控制量为增量的方式。因此对控制量也以增量方式进行模糊化，并在其论域里取五个语言值，分别为大负增量（BNS）、中负增量（MNS）、小增量（SS）、中正增量（MPS）、大正增量（BPS），其各自的隶属函数分布如图 5.7 和图 5.8 所示（这里是根据仿生机器人的特性来确定的，机器人的速度值有 15 个，角速度值有 15 个）。而速度值增量 Δv 的隶属函数分布如图 5.9 所示。

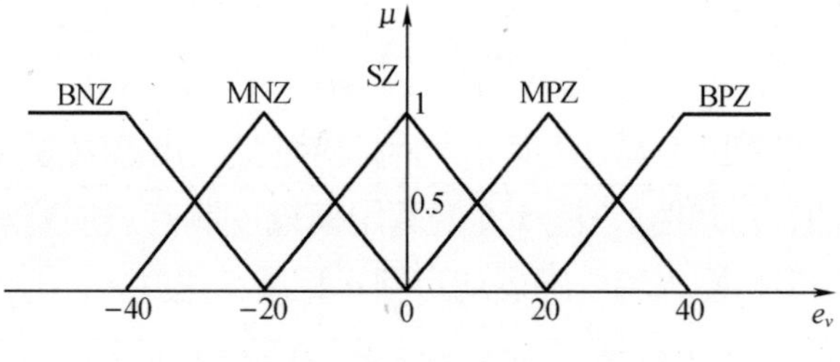

图 5.7　速度偏差 e_v 的隶属函数分布图

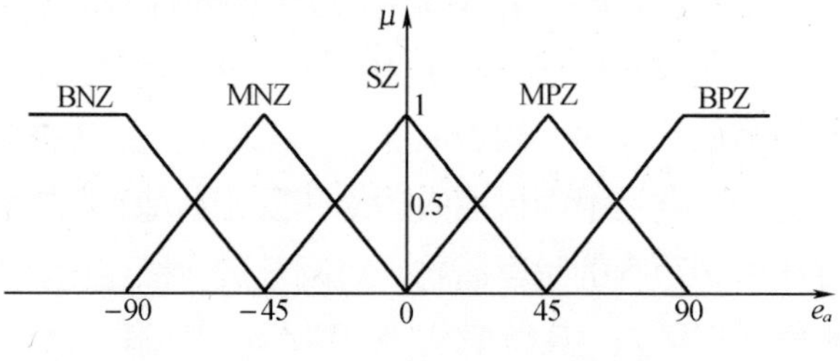

图 5.8　方向偏差 e_α 的隶属函数分布图

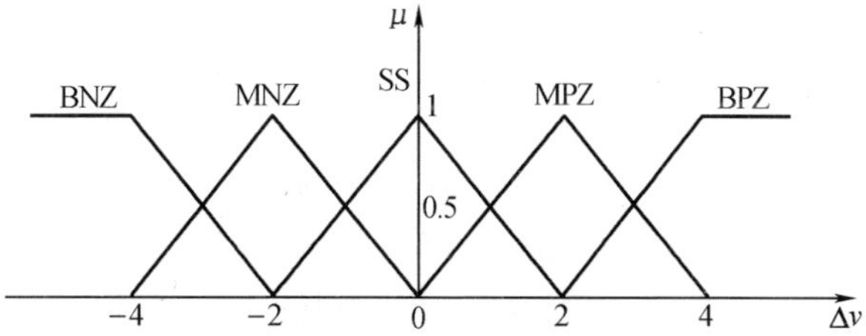

图 5.9　速度值增量 Δv 的隶属函数分布图

控制规则是根据多次实验测试得到的，机器人的速度控制增量如表 5.2 和图 5.10 所示，角速度控制增量如表 5.3 所示。

表 5.2　机器人速度控制增量规则

$e_\alpha \Delta v e_v$	BNZ	MNZ	SZ	MPZ	BPZ
BNZ	BNS	MNS	MPS	MPS	BPS
MNZ	BNS	MNS	MPS	MPS	BPS
SZ	BNS	MNS	SS	MPS	BPS
MPZ	MNS	MNS	MPS	MPS	BPS
BPZ	BNS	MNS	MPS	MPS	BPS

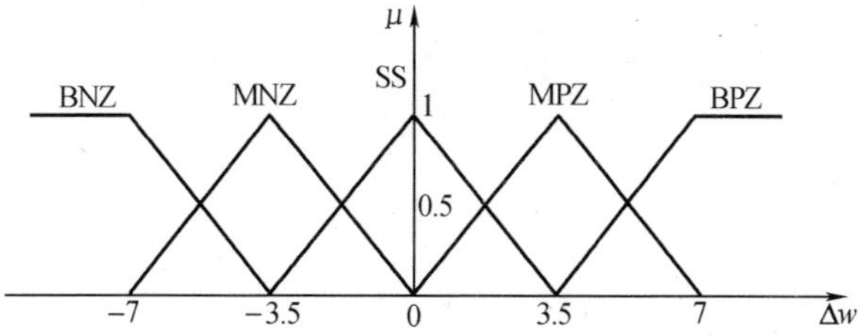

图 5.10　角速度值增量 Δw 的隶属函数分布图

表 5.3　机器人角度控制增量规则

$e_\alpha \Delta w e_v$	BNZ	MNZ	SZ	MPZ	BPZ
BNZ	BNS	BNS	BNZ	MNS	MNS
MNZ	MNS	MNS	MNS	MNS	MNS
SZ	SS	SS	SS	SS	SS
MPZ	MPS	MPS	MPS	MPS	MPS
BPZ	MPS	MPS	BPS	BPS	BPS

在控制规则作用下得到的控制量通过重心法可以计算出控制量的增量的精确值，也就是精确的 Δv 以及 Δw 值。这样通过式（5.14）就可以将水下机器人在人工势场法得到机器人的虚拟合力转化为机器人的控制指令，即

$$\begin{aligned} v(k+1) &= v(k) + \Delta v \\ w(k+1) &= w(k) + \Delta w \end{aligned} \tag{5.14}$$

在实际系统中，机器人以及障碍物的位置和方向的确定是通过其上的颜色块的识别来完成的。水波的影响以及识别的不准确性，容易使得到的机器人的位置和方向信息不准确。因此机器人头部的红外传感器可以在特殊情况下发挥作用，以防止机器人和障碍物相撞，保证规划的路径不会同障碍物碰撞。

第 6 章　自主图像处理

6.1 引　言

眼睛是人的感觉之窗，视觉系统是人类最重要的感觉系统，通过视觉获取信息是人类从大自然获取信息的最主要的手段，扮演着非常重要的角色。据统计，在人类接受的信息中，视觉信息占了 80% 以上。“百闻不如一见”“耳听为虚，眼见为实”等，说明了视觉在人们认知过程的重要性。在许多场合，从图像中所获取的信息比其他任何形式更加形象直观。

鉴于此，研究者提出把摄像机和电脑的组合体安装到机器人身上，这样机器人就拥有了自己的视觉装置，可对目标进行识别、跟踪和测量，并可进一步对图像进行处理。机器视觉被定义为“是一套使用摄像机等传感器来采集现实物体的图像，并将图像转换为控制机器人运动信息的装置”。机器人通过视觉传感器，将摄取的场景转换为图像信号，传送给图像处理系统，视觉图像处理所做的就是，像人类大脑一样，将图像信号中有用的特征抽离出来，得到所需要的关键信息。机器视觉包括三个过程：图像获取、图像处理与分析、输出显示或控制。

为了准确地获取水下的环境信息，更好地执行所分配的任务，在自主鱼身上加入了视觉装置。一个 USB 摄像头被安装在鱼体的最前端，用来实时地采集所观察到的信息。为了缩短研发周期，提高开发效率，降低进入图像处理世界的门槛，在保证处理效果的前提下，可将 OpenCV 移植到嵌入式开发平台。在 OpenCV 的环境下，利用 OpenCV 的库函数，摄像头可以直接获取到 IplImage 格式的图片，然后直接对图像进行处理。

图 6.1 为一个简单的自主鱼机器视觉系统，为了实现自主鱼真正的自主处理和运行，把通过 USB 摄像头采集到的图像直接在 ARM11 处理器上进行处理。而上位机的作用主要是在需要实时观察水下环境和通过发指令来控制自主机器鱼运动的时候才开启，此时 PC 机只是起到一个辅助的作用，自主鱼真正

的决策和控制核心是嵌入式处理器 ARM11。

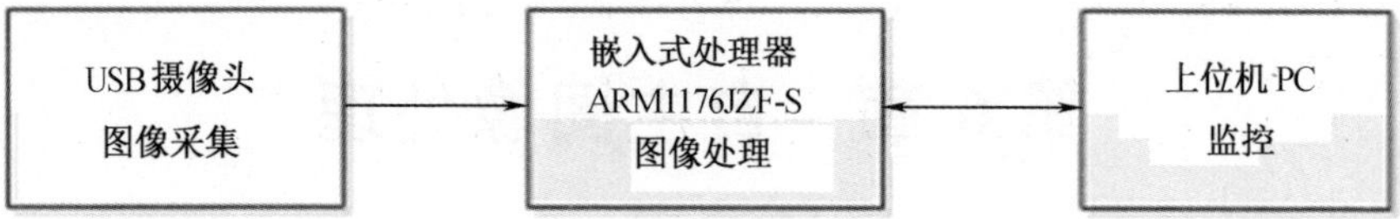

图 6.1　自主鱼视觉系统

对于水下机器人，水下机器视觉技术遇到的一个很大困难就是成像质量非常差。即使在静水中，由于光传播过程中会受到水的吸收效应、散射效应和卷积效应，水下图像与陆上图像相比对比度低、均匀性差、信噪比小，并且具有严重的灰白效应，且水下环境光线不足、光照不均、水下存在折射、反射和水下其他颜色的干扰。如何去除这些外界噪声的干扰，准确地识别标志物是一个极大的挑战，也是能否实现准确定位的前提。

6.2　OpenCV 简介

OpenCV 是英特尔公司于 1999 年在俄罗斯设立的软件开发中心开发的图像处理和计算机视觉函数库，相对于其他的图像函数库，它是一套可免费获得的由一些函数和 C++ 类所组成的库，开发者可以自由地调用函数库中的相关处理函数来实现一些常用的图像处理及计算机视觉算法。OpenCV 拥有包括 300 多个 C 函数的跨平台的中、高层 API，可以大大减少开发者的编程工作量，具备强大的图像和矩阵运算能力。

OpenCV 具有以下特点：开源性，它对于非商用应用，免费开发其源代码，可以根据自己的需要进行改动；独立性强，它不依赖于其他的外部库、不依赖操作系统、不依赖硬件；移植性强，可以移植到很多硬件上，包括 ARM、DSP 等，可以移植到的操作系统有 Windows，Linux，Unix，Mac 等；实时性好，OpenCV 的设计初衷就是面向应用，可以满足实时性的要求。

6.2.1　OpenCV 库的组成

OpenCV 库主要包括 CXCORE 核心库、CV 图像处理函数库和 HighGUI 图形界面接口库三部分。其中 CXCORE 是 OpenCV 的核心库，它封装了基本的数据结构、基本操作、绘图函数、数据读写以及错误处理等；CV 是图像处理函数库，它封装了大量的图像处理函数，基本包括了现今图像处理的主流算法；HighGUI 是图形界面接口库，它包括了载入/保存图像、视频 I/O 通用系统函数等。

由上述可知，OpenCV 库已经将图像处理所涉及的大部分基础函数涵盖其中，为开发者从事图像处理提供了便利条件。

6.2.2 Linux 操作系统下的 OpenCV 安装

由于自主鱼的底层核心板采用由 The Raspberry Pi Foundation 研发的一款基于 Linux 操作系统的卡片式电脑“Raspberry Pi”，在上面安装 OpenCV 比较简单。下面的方法是在“2012 - 10 - 28 - wheezy - raspbian”系统镜像下安装“OpenCV - 2. 3. 1”版本，其安装步骤如下。

（1）首先安装以下软件包。进入命令终端，输入以下命令：

sudo apt-get-y install build - essential cmake cmake - qt - guipkg - config libpng12 - 0 libpng12-dev libpng ++ -dev libpng3 libpnglite-dev zlib1g-dbg zlib1g zlib1g-dev pngtools libtiff4-dev libtiff4 libtiffxx0c2 libtiff - tools

sudo apt-get-y install libjpeg8 libjpeg8-dev libjpeg8-dbg libjpeg-progs ffmpeg libavcodec-dev libavcodec53 libavformat53 libavformat - dev libgstreamer0. 10 - 0-dbg libgstreamer0. 10-0 libgstreamer0. 10-dev libxine1-ffmpeg libxine-dev libxine1-bin libunicap2 libunicap2-dev libdc1394-22-dev libdc1394-22 libdc1394-utils swig libv4l-0 libv4l-dev python-numpy libpython2. 6 python-dev python2. 6-dev libgtk2. 0-dev pkg-config

（2）下载 OpenCV 的源代码并进行相应的配置。在命令端输入以下命令：

wgethttp://sourceforge. net/projects/opencvlibrary/files/opencv - unix/2. 3. 1/OpenCV-2. 3. 1a. tar. bz2

当上述任务完成后，进行解压，为了节省空间可把原代码包删除掉，然后转到 OpenCV 的根目录下，新建一个 build 目录并进入其目录内。在命令终端输入以下命令：

tar -xvjpf OpenCV-2. 3. 1a. tar. bz2

rm OpenCV-2. 3. 1a. tar. bz2

cd OpenCV-2. 3. 1/

mkdir build

cd build

(3)进行 cmake 配置。为了简单地进行配置，可直接采用系统的默认标准配置。在命令终端中输入以下命令：

cmake -D CMAKE_BUILD_TYPE = RELEASE-D CMAKE_INSTALL_PREFIX =/usr/local-D BUILD_PYTHON_SUPPORT = ON-D BUILD_EXAMPLES = ON ..

也可以在 cmake GUI 中直接进行配置，在命令终端中输入：

cmake-gui ..

在弹出的 cmake GUI 对话框中点击"configure"，预先配置"build"选项，选择或删除一些配置，再依次点击"configure"，检查输出的路径，确信没有 cmake 找不到的模块。当所有的都配置完后，关闭 cmake GUI。

(4)编译 OpenCV。在命令终端中输入以下命令：

make

sudo make install

这样便把 OpenCV 库安装完了，但是 OpenCV 函数库的头文件和连接文件还没有安装，下面进行上述文件的安装。

(5)安装 OpenCV 函数库的头文件和连接文件。在命令终端中输入：

apt-get install libcv-dev libcvaux-dev libhighgui-dev

此时会发现头文件和连接文件已经安装在/usr/include/opencv /usr/include/opencv2 中，至此 OpenCV 在 Linux 操作系统上安装配置完毕。

下一步就可以直接调用库里面的函数直接对图像进行处理。

6.2.3 IplImage 数据结构

由于在 OpenCV 环境下，摄像头获取的图像格式是 IplImage 结构，该图像结构借鉴 Intel 早期发布的 IPP 处理开发包中的定义。其结构具体定义如下：

```
typedef struct _IplImage
{
int nSize; /* IplImage 大小 */
int ID; /* 版本 ( =0) */
int nChannels;/* 大多数 OPENCV 函数支持 1,2,3 或 4 个通 */
int alphaChannel;    /* 被 OpenCV 忽略 */
int depth;           /* 像素的位深度 */
```

```
char colorModel[4]; /* 被 OpenCV 忽略 */
char channelSeq[4]; /* 同上 */
int dataOrder;        /* 0—交叉存取颜色通道，1—分开的颜色通道 */
int origin;           /* 0—顶-左结构,1—底-左结构 */
int align;            /* 图像行排列 (4 or 8). OpenCV 忽略它 */
int width;            /* 图像宽像素数 */
int height;           /* 图像高像素数 */
struct _IplROI *roi;  /* 图像感兴趣区域 */
struct _IplImage *maskROI;      /* 在 OpenCV 中必须置 NULL */
void *imageId;                  /* 同上 */
struct _IplTileInfo *tileInfo; /* 同上 */
int imageSize;                  /* 图像数据大小(在交叉存取格式下) */
char *imageData;                /* 指向排列的图像数据 */
int widthStep                   /* 排列的图像行大小,以字节为单位 */
int BorderMode[4]               /* 边际结束模式，被 OpenCV 忽略 */
int BorderConst[4];             /* 同上 */
char *imageDataOrigin;          /* 指针指向一个不同的图像数据结构(不是
必须排列的),是为了纠正图像内存分配准备的 */
}
IplImage;
```

上面有些变量不是很重要，但是有些变量却非常重要，下面主要讲解在图像处理和网络传输中所用到的一些变量。

nSize 和 imageSize 这两个变量很重要，虽然两个都表示大小，但是 nSize 代表 IplImage 格式图片的大小，而 imageSize 却是指所得到的一副图像在内存中的数据大小。比如，在传输图像的时候涉及到的所要传输图像的大小就用 imageSize 来表示，imageSize = image -> height * image -> widthStep，单位是字节，而用 nSize 则传输失败。imageData 是指获取的每一帧图像在内存中指向第一行图像数据的指针。所以通过 imageData 和 imageSize 就可以获取一帧数据，这样就可以很容易地获取到帧图像，然后对其进行处理。

6.3 图像处理

图6.2所示为基于颜色的图像处理算法的流程图，与传统的图像处理相比，其最大特点是为了消除水下的环境噪声干扰。首先利用ACE滤波算法对

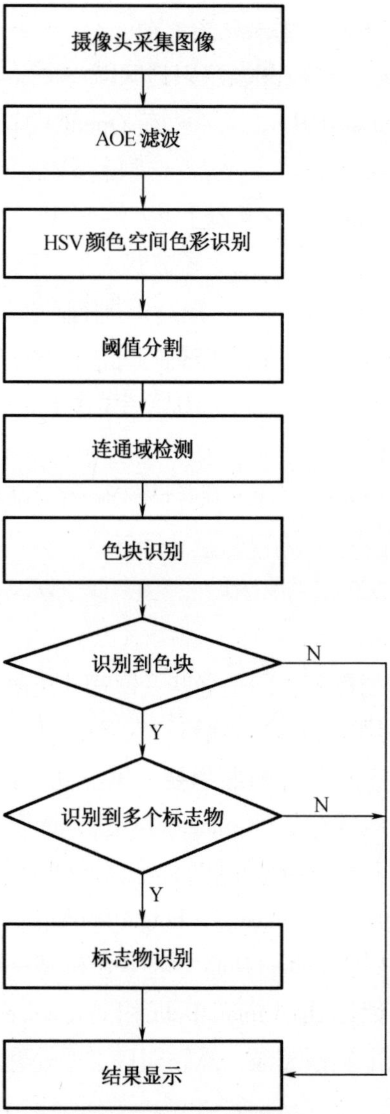

图6.2　图像处理流程

获取到的图像进行初次处理，然后转换为 HSV 颜色空间，在其基础上再进行更进一步的处理。由于是在水下获取图像，因此和陆地上相比，水下反光是很严重的问题，所以必须对处理后的图像轮廓，进行更进一步的分析对比，找到我们真正所要的标志物，进行计算，得到所要的结果。下面对上述图像处理流程中的每一个步骤进行分析。

6.3.1 采集图像

OpenCV 中的 HightGUI 模块为我们提供了一种简单的方式来通过摄像机读取数据。直接调用函数 cvCaptureFromCAM( )或者 cvCreateCameraCapture( )来读取摄像头;调用函数 cvSetCaptureProperty( )来设置所要显示的图像大小;通过函数 cvQueryFrame( )从摄像头抓取一帧,然后解压并返回这一帧,其返回参数为 CvCapture 结构的指针,用来将下一帧视频文件载入内存,返回一个对应当前帧的指针。

具体实现代码如下:

```
pCapture = cvCaptureFromCAM( -1);// 打开摄像头
cvSetCaptureProperty(pCapture, CV_CAP_PROP_FRAME_WIDTH, size_x);
//显示图片的宽度设置
cvSetCaptureProperty(pCapture, CV_CAP_PROP_FRAME_HEIGHT, size_y);
// 显示图片的高度设置
pFrame = cvQueryFrame( pCapture );            //从摄像机获取一帧图像
cvShowImage( "Camera0", pFrame );             //显示显示图像
```

从上面可以看出,通过 OpenCV 自带的库函数打开摄像头、获取图像数据并在页面上进行显示是非常简单、快捷的。

6.3.2 ACE(自动颜色均衡)算法

前面提到由于受到水下环境的干扰,图像存在一定的失真现象,为了解决此问题,采用 ACE(Automatic Color Equalization)模型进行自动颜色均衡处理。该模型是一种基于人类视觉认知系统的模型,它的基本机制是人眼的适应性,尤其是在变化的环境中保持颜色恒常性、亮度恒常性等。

1. 算法描述

ACE 算法可以调整图像的对比度,实现人眼色彩恒常性和亮度恒常性。其基本思想是模拟人眼对某点的感知,不仅取决于该点的绝对光照值,还和其周边

邻域像素的色彩和亮度有关。算法通过差分来计算目标点与周边像素点的相对明暗关系，对目标点校正后获得最终的像素值，有很好的增强效果。

算法在图像处理中能增强整体对比度，调节图像的动态范围，改善图像的整体视觉效果；增强图像的局部对比度，加强图像边缘或轮廓的信息，突出图像的内部细节。

ACE 算法分两步对输入图像进行处理（见图 6. 3）：

（1）为色彩/空间调整，完成颜色的一致性和对比度调整的目标；

（2）拉伸图像的动态范围，完成亮度一致性的目标

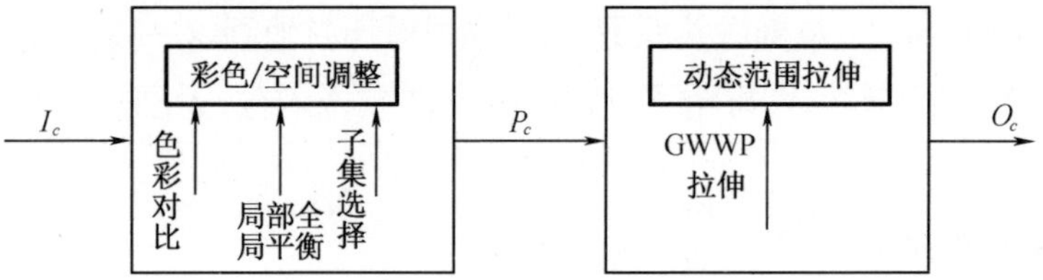

图 6. 3　ACE 算法流程图

其中，I_c 表示输入图像，P_c 表示中间图像，O_c 表示输出图像，下标 c 表示色彩 R，G，B。

第一步：彩色/空间调整。把原始图像 I_c 中的每一个像素的三个通道值用下式重新计算，得到中间图像 P_c：

$$P_c(i) = \frac{\sum_{j \neq i}^{i,j \in I} r[I_c(i) - I_c(j)]d(i,j)}{\sum_{j \neq i}^{i,j \in I} r_{\max} d(i,j)} \tag{6.1}$$

$I_c(i) - I_c(j)$表示人眼的侧抑制机理是像素间的距离函数，表示每个像素间的亮度函数。

第二步：动态范围拉伸。调整中间图像 P_c 的动态范围，得到最终的图像 O_c，即

$$O_c(i) = \text{round}[D_{\text{mid}} + S_c P_c(i)] \tag{6.2}$$

其中，D_{mid}取常数 127. 5；$S_c = D_{\text{mid}}/\max(P_c)$。上述算法能扩大原图像的动态范围，对细节有一定的增强作用，但是处理时间太长。

2. 加速 ACE 算法

原算法中的全局特征和局部特征是通过像素距离来表现的，从而需要计算所有子集中的像素与当前像素的关系，造成了巨大的计算代价。一个可以考虑的加速策略是将全局特征与局部特征分离来实现。全局特征的提取通过一种快速近似的方法来得到，而局部特征则仍然使用原来的方法，之后将两种特征整合得到最后的结果。

在加速算法处理全局特征的过程中，算法随机选取图像中的一些像素（200 个像素），将原来的朴素 ACE 模型应用于该子集上，之后通过奇异值分解（SVD）提取整幅图像在处理前后的映射关系，这个问题可以被看作一个多项式映射解超线性方程组的问题。一次多项式和二次不完全多项式的方程组如下：

$$
\begin{aligned}
R_0 &= a_{11} + a_{12}R_i + a_{13}G_i + a_{14}B_i \\
G_0 &= a_{21} + a_{22}R_i + a_{23}G_i + a_{24}B_i \\
B_0 &= a_{31} + a_{32}R_i + a_{33}G_i + a_{34}B_i
\end{aligned}
\tag{6.3}
$$

$$
\begin{aligned}
R_0 &= a_{11} + a_{12}R_i + a_{13}G_i + a_{14}B_i + a_{15}R_i^2 + a_{16}G_i^2 + a_{17}B_i^2 \\
G_0 &= a_{21} + a_{22}R_i + a_{23}G_i + a_{24}B_i + a_{25}R_i^2 + a_{26}G_i^2 + a_{27}B_i^2 \\
B_0 &= a_{31} + a_{32}R_i + a_{33}G_i + a_{34}B_i + a_{35}R_i^2 + a_{36}G_i^2 + a_{37}B_i^2
\end{aligned}
\tag{6.4}
$$

其中，下标 i 表示输入图像的像素，下标 0 表示是像素子集中用 ACE 模型后的输出结果的像素，系数 a 表示所求未知数，即全局特征。

当映射关系 a 被提取之后就可以将整幅输入图像进行变换，以上得到全局特征应用到整幅图像会使得图像细节被弱化，因此需要同时提取局部特征以保留图像细节，从而使图像分割效果更好。提取局部特征的方法同朴素的 ACE 模型一样，不同的是子集只取当前处理的像素周围一定半径内的像素，公式表示为

$$
HFc(i) = \frac{\sum_{i \neq j}^{i,j=\Omega} r(I_c(i) - I_c(j))d(i,j)}{\sum_{j \neq i}^{i,j \in \Omega} r_{\max} d(i,j)}
\tag{6.5}
$$

最后对全局特征和局部特征进行整合，则

$$
O_{\mathrm{FINAL},c}(i) = O_{\mathrm{GLOBAL},c}(i) + \alpha \mathrm{HF}_c(i)
\tag{6.6}
$$

6.3.3 基于 HSV 颜色空间的色彩识别

颜色对于人类认知与识别是一个非常重要的特征，机器视觉也不例外，颜

色对于图像识别特征物来说，是一个十分明显的特征。所以，先采用颜色来作大范围的一个搜索，就能够将大部分非特征物去除，减少图像识别的工作量。然而，人类视觉可以很好地适应颜色在明度和亮度上的变化，即使在明度或亮度上有很大的变化，人类仍能很好地识别出颜色，这被称为颜色恒常性。机器视觉相对很难做到这一点，大部分图像处理的研究者采用阈值的方法来定义颜色，我们这里也不例外。

1. HSV 颜色转换

相比传统的 RGB 颜色空间，HSV 颜色空间对于明度与亮度的变换不敏感，更加恒常，可保证颜色的相对一致性，因此，我们采用 HSV 颜色空间来做阈值分割识别颜色。

HSV 同样具有三个独立分量，分别为 H（色度）、S（饱和度）、V（明度），该色彩空间可以用图 6.4 的六棱锥来表示。六边形的边界表示不同的颜色，即色度，色饱和度沿水平轴测量，明度值沿通过六棱锥中心的垂直轴测量，用色度与水平轴的角度来表示，范围为 0°～360°。红色在 0°处，黄色在 60°处，绿色在 120°处。色饱和度表示颜色的纯度，范围为 0.0～1.0，纯色的色饱和度为 1.0，越靠近六棱锥中心的灰度线，S 就越小。灰度颜色的色饱和度为 0。明度值是从六棱锥的顶点（0.0）变化到六棱锥顶平面的中心点（1.0），顶点表示黑色，顶平面中心点表示白色。从图 6.4 的右图可以很明显地看到某种颜色在该模型下的变化方式。

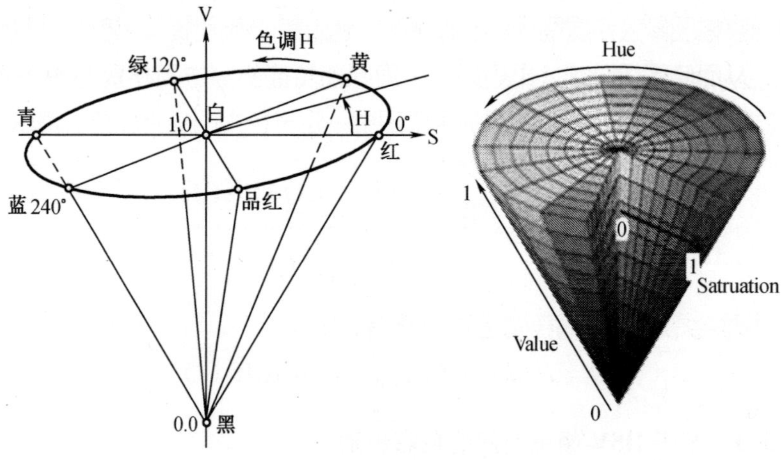

图 6.4　HSV 六棱锥

RGB 颜色空间到 HSV 颜色空间的转换是一种非线性的转换，这里利用 OpenCV 的内置函数，可以快速地将 RGB 图像数据的图像转换为 HSV 的图像。因为在读取图像的时候，设置其类型数据位 8U（8 位无符号型），转换后得到的数据的范围是和传统的 HSV 范围不同，分别为 H（0 ~ 180），S（0 ~ 255），V（0 ~ 255）。

2. 阈值分割

阈值分割法是通过设定不同的特征阈值，把图像像素点分类。通过采集大量自主鱼在水下游动的实时视频，然后逐一、逐帧地记录标志物色块的颜色所对应的 H，S，V 分量的阈值范围，得到标志物色块的颜色分割阈值。从 HSV 的六棱锥就可以看出，主要由 H 来区分不同的颜色，不同的颜色具有不同的 H 的范围，但是单单用 H 是不够的，因为在水下光照强度不足，有很多黑暗的死角，而 H 对于黑灰是没有认知度的，即不论 H 为何值，如果 V 较小或者 S 较小，都会接近黑色。我们限定 V 和 S 的范围，来去除黑暗的影响，即去除六棱锥的下半部分和六棱锥内部的一个小圆柱。阈值分割的算法流程如下：

阈值分割

```
输入一张图像
forI← (0: height)
for j ← (0: width)
    if v(I,j) <  80
        continue;
    endif
    if s(I,j)  <90;
        continue;
    if 105  <h(I,j) <130
            Color(I,j) =  Red
    else if 40 <  h(I,j) <60
        Color(I,j) =Green
    else if   70 <h(i,j) <105
        Color (I,j) =Yellow
    endif
end
end
```

从上述阈值分割流程中的阈值可以看出，对于某种颜色，其在水下的阈值和通常较好的阈值范围有一定的偏差，这也可以间接反映出水下的颜色确实发生了畸变。

通过阈值分割，可以很好地大致识别出标志物的颜色，这里用到了红色、绿色、黄色三种颜色。

6.3.4 形态学滤波

经过阈值分割得到的图像，会出现一些杂点，即一些不是目标物但因为其颜色值处于目标颜色的阈值范围中，造成的误识别。目标物虽然大部分都识别为对应颜色，但在中间或者边缘有一些点没有被识别出来。这些点通常都是孤立的点，或者很小的一片区域，误识别的点相比真正的目标标志物区域要小得多。所以可以基于形态学，通过检测连通域所含有像素点的个数设置阈值，大于该阈值才显示为目标颜色，否则清零。

通过扫描得到连通域的方式来去除杂点的具体步骤如下。

设置一个点集链，将扫描到的第一个标记为目标颜色的点放入点集链，逐点检测其八领域点的颜色值，若与点集链中的点的颜色值相同，该点也加入点集链，再对点集链中的后面加入的点重复上面步骤，检测其八领域，直到点集链中所有点的八领域都检测完，若都没有相同颜色的点，则点集链不再增加，跳出循环。检测所形成的点集链中点的个数，若个数超过设定的阈值，在输出图像中，将这些点标记为识别到的目标颜色；若不超过，在输出图像中不标记，并将其在含有杂点的输入图像中清零，即把这些杂点去除。清空点集链后，再检测输入图像中下一个在阈值分割中标记为目标颜色的值，重复上面步骤。最终检索完毕所有点，得到去除杂点的图像。这里我们搜索连通域的时候，只搜索下半区域，这样可以在一定程度上避免水面反光造成的误识别。

6.3.5 色块识别

去除杂点后得到的图像已经得到比较好的结果，通过人的肉眼，已经能识别出大致色块的区域，并可以在脑中勾勒出色块的完整样貌，现在做的是要让计算机也知道它的区域位置。

1. 色块识别步骤

通过对每种颜色的 HSV 阈值分割结果做边缘提取，得到每种颜色边界轮廓。这里因为存在噪声，会识别出不止一个的轮廓。在所有识别到的轮廓中，找到轮廓包含区域最大的那个轮廓（因为如果图像中存在目标颜色块，一定是最大区域是该目标，噪点的区域是相对较小的），对这个包含最大区域的轮廓进行多边形拟合，通过检测拟合到的多边形，如果拟合到的多边形含有四个角点，且为凸多边形，我们就将其认定为目标色块。但是很多情况，由于水的波动等原因，拟合到的多边形可能不满足四边形的判断条件，此时，计算该轮廓的四边形正凸包，如果轮廓所包围的面积能够达到四边形凸包的5/6，我们也可将其认定为目标色块。

2. 误识别去除

虽然HSV的阈值分割结果已经达到不错的效果，但是因为机器鱼整体处于水下，水面的反光不可避免，如图6.5(a)和图6.5(d)。当这种情况出现，我们利用颜色去识别色块时，会造成相同的颜色出现上下两个色块，从而出现了误识别的情况。图6.5(a)对应的根据颜色识别出的结果如图6.5(b)和图6.5(c)，分别为红色识别色块结果和绿色识别色块结果。图6.5(d)对应的根据颜色识

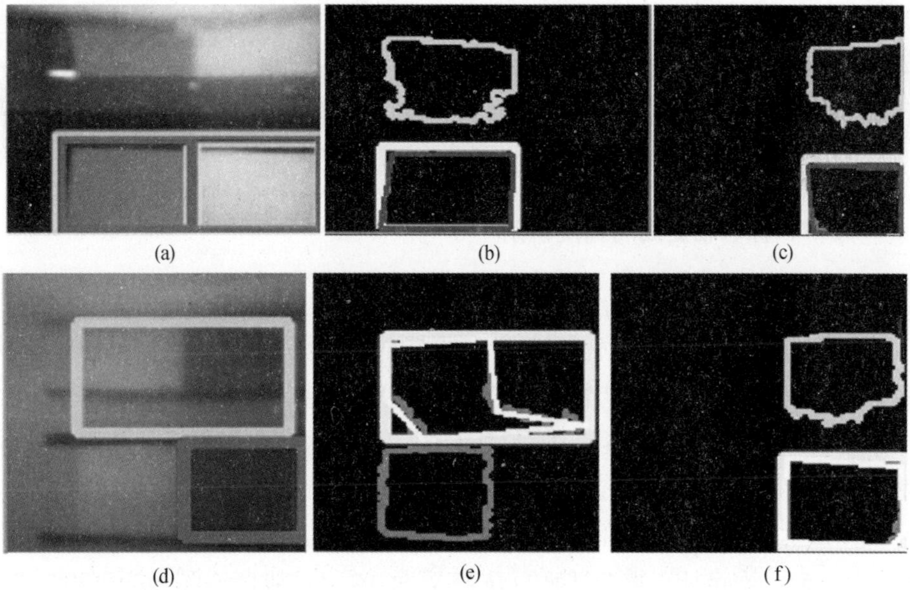

(a) (b) (c) (d) (e) (f)

图6.5 误识别处理

(a)鱼体内拍摄的水面反光场景；(b)基于颜色的红色识别结果；(c)基于颜色的绿色识别结果；
(d)鱼体内拍摄的水面反光场景；(e)基于颜色的黄色识别结果；(f)基于颜色的红色识别结果

别出的结果如图 6.5(e)和图 6.5(f)，分别为黄色识别色块结果和红色识别色块结果。

通过观察发现，当反光情况出现，即识别上下两个相同颜色块时，只可能出现两种情况：上下两个色块（真实色块和反光色块）的中心大致处于同一垂直线上；另一种是两个颜色块，其中有一个边基本处于同一垂直线上。判断这两种情况，当出现两种情况之一时，我们取下方的色块作为识别结果，去除反光造成的误识别。

6.3.6 标志物识别

这里，我们将两种不同颜色的色块左右放置，形成一个独特的标志物。总共采用了三种颜色，红、绿、黄，也就是说可以得到 6（即 3×2）种组合方式，这样可以为场景设置 6 个标志物。

如果在一帧图像中识别到两种颜色的两个色块，我们通过判断两个色块形成的四边形，如果两四边形相邻两边距离小于 10 个像素，上下边分别小于 20 个像素，即可判断两个色块匹配，匹配成一个标志物。如果在一帧图像中同时识别到三种颜色的三个色块，我们先判断两个较大色块是否能按照识别到两种颜色色块的方式进行匹配，如果不行，再分别匹配第三个色块，如果满足条件则匹配到，反之没有识别到标志物。识别到标志物后，利用 OpenCV 内置的绘图函数进行绘制标志物的外框，可以实现在监控窗口显示出识别结果。

6.3.7 标志物距离与角度识别

1. 标志物距离识别

标志物距离，是指标志物距机器鱼（摄像头）的相对距离。根据从摄像头采集到的图像中识别出的标志物，得到标志物距离，如图 6.6 所示。

图 6.6 是摄像头测量距离的示意图，图中黄色区域代表摄像头观察到的区域，黄色区域中的标志物经过上面介绍的图像算法的处理，最终成为了感兴趣的区域。AB 为摄像头成像的平面，光心到成像平面的距离即为焦距，在这里用 f 来表示。我们设定标志物的宽度为 H，在平面 AB 上得到所成图像的宽度为 W，在图 6.6 中用 Width 进行了标志。在上面的变量中摄像头的焦距 f 和在成像宽度 w 为像素级别，自主鱼到标志物的距离为 D，标志物的高度为 H，宽度为 L（我们用一种颜色的标志物的宽度），这三种变量的单位是厘米级别。根据小孔成

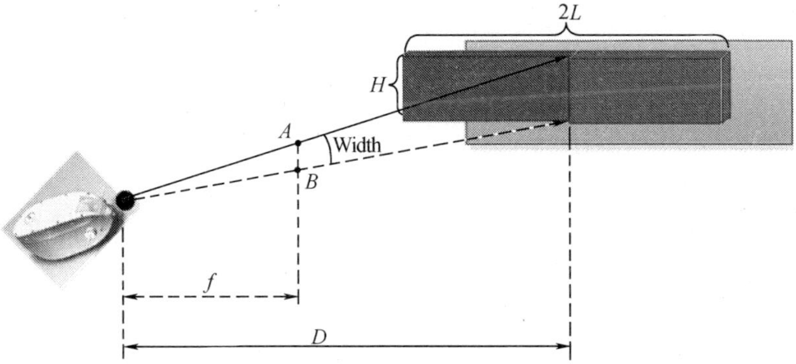

图 6.6　摄像头成像计算距离图

像的原理，可以得到

$$\frac{D}{f} = \frac{H}{w} \tag{6.7}$$

即自主鱼到标志物的距离 D 为

$$D = \frac{H}{w} \times f \tag{6.8}$$

由于摄像头的拍摄质量不高，图像模糊，且摄像头安装在鱼体内，透过的玻璃不可避免地会有些污迹，所以没有办法用传统的棋盘格法测量焦距。我们可以通过标定法对焦距 f 进行求取，由于标志物高度是已知的，其在计算机上所成图像的高度我们可以通过 OpenCV 的库函数直接获得，所以我们可以在已知自主鱼距离标志物的情况下对焦距 f 进行标定。求出焦距 f 后，当机器鱼识别到标志物并得到标志位的矩形框后，就可以利用公式 $D = \frac{H}{w} \times f$ 计算出自主鱼到标志物的距离。

上述计算方法我们把标志物的高度 H 作为参照物，然后计算出其在计算机上所成图像的高度，即可求得自主鱼距离标志物的距离。其实我们之所以这样做，是因为当自主鱼看到标志位的时候，标志物的高度大多数情况下是完全在摄像头视野中的，但是有时候也并不是这样，比如，如果机器鱼离标志物的距离太近的时候。针对这种情况，我们可以用标志物的宽度 L 来代替高度，所以要分情况进行讨论。

2. 标志物角度识别

标志物距离是相对于机器鱼的距离，标志物角度也是标志物相对于机器鱼所形成的角度，因为机器鱼与摄像头是固连的，不会产生角度差，所以也就是相对于摄像头的角度。这里我们定义，标志物角度就是标志物中心相对于机器鱼摄像头的角度。

通过图像识别标志物，必然可以识别到两个色块，不论色块在图像中完整与否，两色块的交界处一定准确地出现在图像中，所以，应选取标志物的中心作为基准。

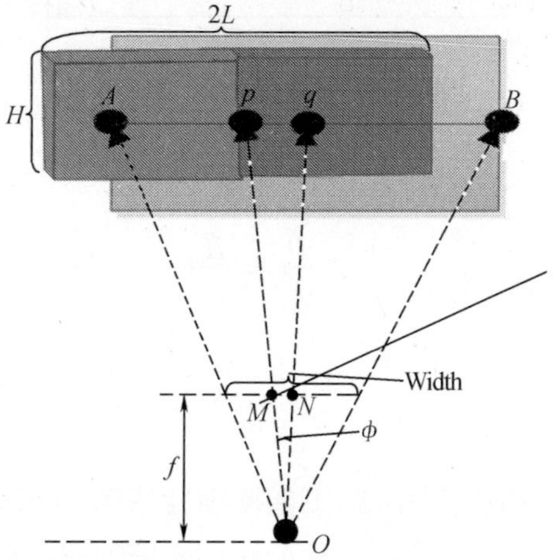

图 6.7　摄像头成像计算角度图

图 6.7 是模拟摄像头视角的原理图，O 是摄像头的光心，$\angle AOB$ 是机器鱼摄像头的最大视角，黄色部分为摄像头看到的实际图像，p 点是标志物的中心，q 点是摄像头所获取的图像的中心，M、N 两点是 p、q 两点在成像平面上所成的像。$\angle\phi$ 是摄像头所成像的中线和标志物的中线所成的像，从图像可以看出 $\angle\phi = \angle pOq = \angle AOB$，所以

$$\varphi = \arctan\left(\frac{\boldsymbol{MN}}{\boldsymbol{NO}}\right) = \arctan\left(\frac{\boldsymbol{MN}}{f}\right) \tag{6.9}$$

而

$$\boldsymbol{MN} = x_{\text{mark}} - \frac{\text{Width}}{2} \tag{6.10}$$

x_{mark}是标志物中心在图像中心的横坐标（像素级别），我们可以直接通过 OpenCV 的库函数 cvRect( )直接求出 x_{mark}的值。Width 是图像的宽度（像素级别），从而标志物中心与标志物的中心之差就是我们要求的 $\boldsymbol{MN}$。当标志物处于机器鱼

的左边，标准物也在图像的左边出现，偏差为负；反之为正。这里的 f 采用像素级别的焦距，根据 $\varphi = \arctan\left(\frac{MN}{NO}\right) = \arctan\left(\frac{MN}{f}\right)$ 得到标志物角度。显然，当标志物处于机器鱼左边时，角度为负；当标志物处于机器鱼右边时，角度为正。

本章小结

本章首先介绍 OpenCV 的安装与使用，然后重点介绍了自主机器鱼的视觉系统，阐明了其视觉系统的工作机制，并具体阐述了自主鱼图像处理流程，分别详述了各个子模块的实现与达到的效果。最后，通过图像处理的识别结果，得到自主鱼相对标志物的距离与角度，为后续的定位算法做好准备工作。

第7章 自主定位与导航

自主式机器人是一种在复杂环境下工作的具有自规划、自组织、自适应能力的机器人。在自主式机器人相关技术的研究中,导航技术是其研究核心,也是实现真正自主化和完全自主化的关键技术。导航研究的目标就是在没有人工干预下使机器人有目的地移动并完成特定任务,进行特定的操作。国际上利用如下的 MNT(Maximum Navigation Test)检测移动机器人的导航能力。

移动机器人放置在一个未知、复杂、动态的环境中。机器人对环境进行一段时间的探索后,在成本函数(例如时间、能源消耗等)最小的条件限制下,必须能够达到任意的指定位置。

Leonard 和 Durrant-Whyte 把机器人的导航问题归结为“我在哪”“我要去哪”及“我如何到达那里”三个问题。机器人为了完成导航任务,必须解决如下四个问题:运动控制(Motion Control)、地图构建(World Modeling)、路径规划(Planning)和定位(Localization)。其中,定位是移动机器人导航最基本的环节,也是完成导航任务首先要解决的问题。实时、精确的定位是提高机器人性能的关键。

移动机器人定位是机器人通过自身传感器获取数据来确定自己位姿(位置和方向)的问题。然而对于水下定位,由于环境的复杂性,面临更多的不确定性,所以我们选用蒙特卡洛定位算法。用概率分布的方法来决策机器人的位置,将机器人的位置状态表示为一种概率分布,为机器人的自身位置提供估计。

7.1 蒙特卡洛算法基础

7.1.1 贝叶斯滤波

蒙特卡洛定位算法的核心思想是粒子滤波,而粒子滤波的理论基础是贝叶斯滤波。贝叶斯滤波解决根据传感器测量信息估计一个动态系统的状态 x 的问题。机器人定位的动态系统包括机器人的状态和定位环境。状态是机器人的位姿，包括机器人在笛卡儿坐标系的位置坐标和航向角、横滚角和俯仰角。测量可能包括激光测量、摄像机抓取图片进而里程计测量。机器人运行的环境是马氏的，这是因为通过传感器我们可以知道当前的状态，所以可以说过去和将来的数据是独立的，这就从理论上符合贝叶斯滤波假设。下面对贝叶斯假设进行详细的解释。

贝叶斯滤波的关键是通过条件数据的状态空间估计后验概率密度。这里的后验概率密度称为信度，用下式来表示：

$$\mathrm{Bel}(x_t)=p(x_t \mid d_{0\ldots t}) \tag{7.1}$$

这里 x 代表状态，x_t 代表在时间 t 时刻的状态，$d_{0\ldots t}$代表从时间 0 时刻开始到 t 时刻结束所获得的数据。对于移动式机器人我们可以观测到两种类型的数据：一种是观测数据，比如激光测距或者通过摄像头获得的数据；另外一种是测量数据里程表数据，它是通过机器人的运动获得的数据。我们用不同的字母来分别表示上式中的数据，更改后的公式如下所示

$$\mathrm{Bel}(x_t)=p(x_t \mid o_t,a_{t-1},o_{t-1},a_{t-2},o_{t-2},\cdots,o_0) \tag{7.2}$$

$\mathrm{Bel}(x_t)$表示 t 时刻状态 x 的信度，o(Observation)代表通过传感得到的观测数据，a(Action)代表通过传感器得到的运动数据。为了不失一般性，我们假设获得的观测数据和运动数据是按着一定的次序分别得到的。这里可以看出，状态的信度是由系统从开始时刻到当前时刻的所有传感器输入和运动数据所决定的。

注意 用 a_{t-1}表示里程表上数据，是为了表示此时的运动发生在$[t-1,t]$的时刻内，说明 t 时刻的运动是在时刻 $t-1$ 的影响下所产生的。

贝叶斯滤波通过递归方法得到信度值。初始时刻，我们根据已知的初始状态来确定初始信度，如果初始状态未知，一般假设初始分布为均匀分布。

利用贝叶斯定律，我们可以将公式(7.1)转换为

$$\mathrm{Bel}(x_t)=\frac{p(o_t \mid x_t,a_{t-1},\cdots,o_0)p(x_t \mid a_{t-1},\cdots,o_0)}{p(o_t \mid a_{t-1},\cdots,o_0)} \tag{7.3}$$

因为分母相对状态 x 为一个常数，通常用一个系数值 η 来表示，如公式(7.3)用 η 直接归一化，可得到表示概率的信度为

$$\mathrm{Bel}(x_t)=\eta p(o_t \mid x_t,a_{t-1},\cdots,o_0)p(x_t \mid a_{t-1},\cdots,o_0) \tag{7.4}$$

马尔科夫假设是假设已知当前状态预测观测值 o_t 与过去的观测值或运动状态值无关，即

$$p(o_t \mid x_t, a_{t-1}, \cdots, o_0) = p(o_t \mid x_t) \tag{7.5}$$

因此，公式(7.3)可以表示为

$$\mathrm{Bel}(x_t) = \eta p(o_t \mid x_t) p(x_t \mid a_{t-1}, \cdots, o_0) \tag{7.6}$$

$p(x_t \mid a_{t-1}, \cdots, o_0)$ 可以写成对 x_{t-1} 的积分，即

$$\mathrm{Bel}(x_t) = \eta p(o_t \mid x_t) \int p(x_t \mid x_{t-1}, a_{t-1}, \cdots, o_0) p(x_{t-1} \mid a_{t-1}, \cdots, o_0) \mathrm{d}x_{t-1} \tag{7.7}$$

再次应用马尔科夫假设去简化 $p(x_t \mid x_{t-1}, a_{t-1}, \cdots, o_0)$，

$$p(x_{t-1} \mid a_{t-1}, \cdots, o_0) = p(x_t \mid x_{t-1}, a_{t-1}) \tag{7.8}$$

由此我们得出以下表达式

$$\mathrm{Bel}(x_t) = \eta p(o_t \mid x_t) \int p(x_t \mid x_{t-1}, a_{t-1}) p(x_{t-1} \mid a_{t-1}, \cdots, o_0) \mathrm{d}x_{t-1} \tag{7.9}$$

我们把基本的贝叶斯信度的定义带入上式得

$$\mathrm{Bel}(x_t) = \eta p(o_t \mid x_t) \int p(x_t \mid x_{t-1}, a_{t-1}) \mathrm{Bel}(x_{t-1}) \mathrm{d}x_{t-1} \tag{7.10}$$

上式即为贝叶斯滤波的递归公式，加入初始分布后，就构成了完整的贝叶斯滤波。为了实现上述公式，我们必须知道两个条件密度：$p(x_t \mid x_{t-1}, a_{t-1})$是一个基于运动模型的概率；$p(o_t \mid x_t)$是一个基于知觉模型或者传感器模型的概率。两个模型都不依赖于时间，是时不变的，所以我们可以进一步对模型进行简化，简化后的模型为：

运动模型：$p(x' \mid x, a)$

观测模型：$p(o \mid x)$。

7.1.2 粒子滤波

虽然贝叶斯滤波很好地完成了递归演算，但是真正实现积分运算却十分耗时，这样不能做到定位的实时性和有效行。因此，蒙特卡洛定位算法以及其他的粒子滤波算法将信度用一系列分散的带有权重的粒子代替，即

$$\mathrm{Bel}(x_t) \approx \{x^{(i)}, w^{(i)}\}_{i=1,\cdots,m} \tag{7.11}$$

$x^{(i)}$代表状态的可能值，称为粒子。表示每个状态（粒子）对应的权重 $w^{(i)}$，称为重要性因子，这样，这里粒子确定了一个离散概率分布，用来估计信度。初始分布表达系统的初始状态，当初始状态未知时，仍然采用系统所有可能状态的均匀分布，每个粒子的权值均为 $1/m$，即为等概率分布。

初始分布确定后，像贝叶斯滤波一样，粒子滤波也采用递归实现改变分布，

表示不同的系统状态。针对每个粒子，根据 t 时刻的运动数据 a_t 和上一时刻的分布 x_{t-1}^i，由 $p(x_t \mid x_{t-1}, a_{t-1})$ 得到一个假设的分布 x_t^i，再由 x_t^i 和当前观测值 o_t，得到新的权重 w_t^i。其次是重要性重采样。根据假设分布 x_t^i 和权重重新分布粒子的状态，得到 t 时刻的分布，新的分布去掉了低概率（低权重）的粒子，增加了高概率（高权重）的粒子，最终，粒子收敛到最有可能的系统状态。

7.2 蒙特卡洛自主定位

7.2.1 场地坐标系建立

如图 7.1 所示，这是实际的测试场地，宽为 200 cm，长为 300 cm。我们设定宽为 x 轴，范围为 0 到 200，长为 y 轴，范围为 0 至 300，左下角为坐标原点。水池中的色标是我们预先设定的标志物，通过对标志物的识别和处理，为下一步实现定位作准备。

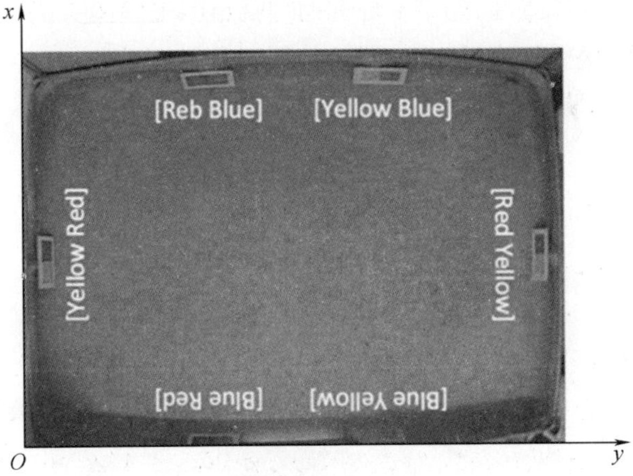

图 7.1　场地坐标图

7.2.2 自主鱼模型

不考虑鱼体的上升下潜，将自主鱼限制在水下平面进行运动，使其摄像头正好处于水平面以下，鱼背刚好在水平面上，保证其平稳运动。则可用

$$p = \begin{pmatrix} x \\ y \\ \theta \end{pmatrix} \tag{7.12}$$

来表示自主鱼的状态信息，其中 x 和 y 分别表示自主鱼的二维水平面坐标，这里取鱼头位置，即摄像头的安装位置为鱼的位置坐标，θ 表示鱼头朝向，范围为（$-180° \sim 180°$），是鱼头的朝向与场地 x 轴的夹角。

7.2.3　运动模型

自主鱼可以被看做独轮车模型，不能够执行横向的运动，但它可以利用胸鳍和尾鳍的协作，实现直线游动、转弯游动、倒游等。但是因为自主鱼是在水下游动，是利用鱼鳍作为运动机构，不能像陆地机器人的运动一样，不是基于车轮的滚动，所以不能采用码盘测速原理来简单测量机器人的运动速度和走过的距离。基于上述的劣势，机器鱼搭载了 IMU（惯性导航单元）传感器，该传感器可以测得相对三轴角度和三轴加速度，三轴角度分别为航向角、俯仰角和翻滚角。

IMU 的坐标定义如图 7.2。IMU 返回的坐标加速度值是基于上述坐标的。IMU 与自主鱼的鱼体固连，图中 x 轴的指向就是自主鱼鱼头的方向，y 轴指向鱼体右侧。这两个坐标轴相互独立，可以分别考虑。

图 7.2　IMU 的坐标系

从图 7.2 可以看出，在整个定位系统中存在两个坐标系，水池的坐标系我们称为全局坐标系；还有安装于体内的 IMU 所形成的坐标系。我们主要是利用 IMU 返回航向角 φ、x 轴和 y 轴的加速度 $a_{x,\text{imu}}$ 和 $a_{y,\text{imu}}$。因为要完成获取里程计中的数据更新，所以要对 IMU 所形成坐标中的数据转换到全局坐标系下去计算，如图 7.3 所示。

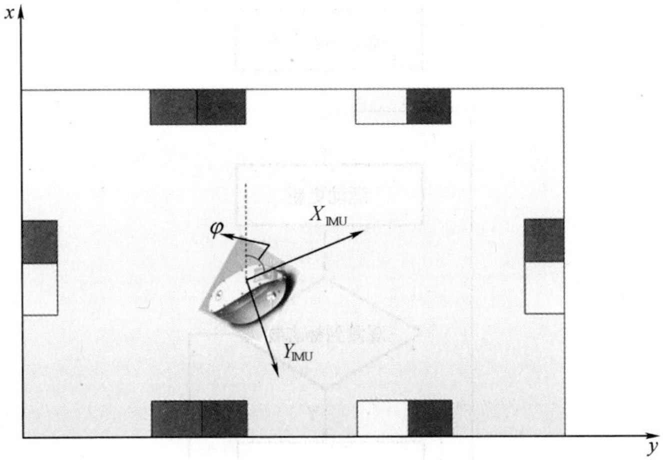

图 7.3　里程计坐标转换

对其进行转换，则分解到全局坐标系下 x 轴上的加速度 $a_{x,\text{ground}}$ 为

$$a_{x,\text{ground}} = a_{x,\text{imu}}\cos(\varphi) - a_{y,\text{imu}}\sin(\varphi) \tag{7.13}$$

分解到全局坐标系下 y 轴上加速度 $a_{y,\text{ground}}$ 为

$$a_{y,\text{ground}} = a_{x,\text{imu}}\cos(\varphi) + a_{y,\text{imu}}\sin(\varphi) \tag{7.14}$$

这样就求得了在全局坐标下的 x 轴和 y 轴的加速度，然后再分别求取在 Δt 时间内在 x 轴和 y 轴前进的距离，这样就求出来在 Δt 时间内在 x 轴和 y 轴上的运动增量。为自主鱼建立了里程计模型。

我们假设 $\Delta t = \lambda t$，则在 Δt 时间内在全局坐标系下 x 轴上的运动增量为

$$\Delta D_{x,\text{ground}} = \Delta t a_{x,\text{ground}} \Delta t \tag{7.15}$$

Δt 时间内在全局坐标系下 y 轴上的运动增量为

$$\Delta D_{y,\text{ground}} = \Delta t a_{y,\text{ground}} \Delta t \tag{7.16}$$

我们可以调整 Δt 的大小，这样就可以保证粒子的更新速度和机器鱼的运行速度是一致的，这样就建立了机器鱼的里程计模型。

7.2.4　蒙特卡洛定位实现

蒙特卡洛定位算法作为基于概率理论的一种通用算法，其一般流程如图

7.4。这里我们利用内部传感器——IMU 和外部视觉传感器——摄像头,结合蒙特卡洛定位算法,将算法简化,更好地、准确地完成水下机器人自主定位。

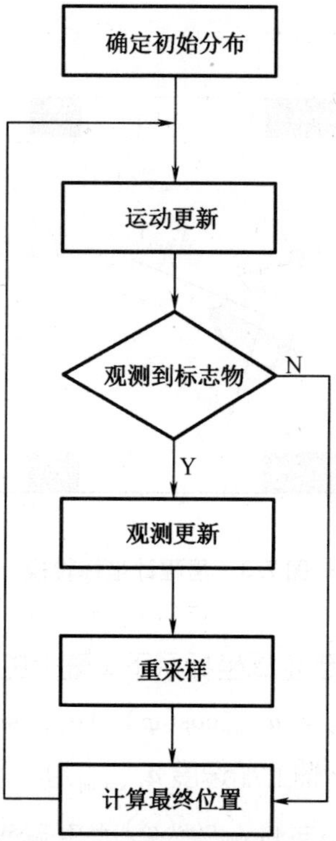

图 7.4 MCL 流程图

1. 确定初始分布

在上面介绍的自主鱼模型中,用 P 可以表示自主鱼的位姿信息,包括位置坐标 x 和 y,以及鱼头朝向的角度信息 θ。用 Particle 来表示粒子,即

$$\text{Particle} = (P, w) = \left(\begin{pmatrix} x \\ y \\ z \to \theta \end{pmatrix}, w\right) \tag{7.17}$$

式中,P 表示自主鱼的位姿信息,w 表示对应粒子的权重,权重也就是对应粒子出现的概率,所有粒子的权重和为 1。因为对于初始时刻,自主鱼在水下的位置是未知的,即开始时,我们随意将自主鱼放入水池中,不刻意固定其位置,那么,由于对于初始状态未知,需要采用离散等概率随机分布来初始化各粒子的位置

分布，也就是在场地中任意位置，随机地撒下粒子。

经过测试，陀螺仪返回的三轴角度比较准确，俯仰角和横滚角误差在 ±2°，航向角误差范围在 ±5°，满足我们的精度要求。为了简化更新，我们直接将陀螺仪返回的航向角 *yaw* 赋给 *P* 中的 θ 变量，因为 *yaw* 的范围也是相对全局坐标系的 *x* 轴在 −180 到 +180 范围，所以可以直接赋值。这样将机器人状态变量的位置信息和角度信息进行了分离，简化了定位更新过程。初始化分布过程如下。

```
For i = 0:
ParticleNum Particles[i].x = (rand()% Xwidth) * 1.0;
Particles[i].y = (rand()% Ywidth) * 1.0;
Particles[i].θ = yaw;
Particles[i].w = 1.0/ParticleNum;
End
```

这样初始化的结果将得到一系列朝向都是 *yaw* 的在场地随机分布的粒子，权重均为 1/ParticleNum。

2. 运动更新

运动更新主要基于自主鱼的内部传感器——IMU，我们前面已经建立好了机器鱼的运动建模，建立了自主鱼的里程计，即每个循环周期内，全局坐标系下的运动增量 Δx 和 Δy，用其来作运动更新，即

$$\begin{pmatrix} x_{\text{new}} \\ y_{\text{new}} \\ \theta_{\text{new}} \end{pmatrix} = \begin{pmatrix} x_{\text{old}} \\ y_{\text{old}} \\ yaw \end{pmatrix} + \begin{pmatrix} \Delta x \\ \Delta y \\ 0 \end{pmatrix} + \begin{pmatrix} \Delta_{\text{errorx}} \\ \Delta_{\text{errory}} \\ 0 \end{pmatrix} \tag{7.18}$$

由于整个过程都是将陀螺仪的航向角直接赋给机器人的角度，所以对其不作运动更新。

对于机器人的位置，除了增加机器人的运动增量外，还加入一个随机量 Δerror。这里 Δerror 采用公式（7.19）。这是一个以 α 为方差且均值为 0 的三角形分布，这样能使粒子覆盖一个以 α 为偏差的小范围。

$$\Delta\text{error} = \alpha\text{rand}(-1,1)\text{rand}(-1,1) \tag{7.19}$$

这是因为传感器必然存在误差，Δx 和 Δy 不能准确表达其运动增量，将粒子的位置，加入一个误差项，可以更加准确地表达运动更新的过程。如果在运

动更新中，粒子位置超出边界，则将其设回边界点处。

3. 观测更新

运动更新基于内部传感器，而观测更新基于外部传感器，即我们的视觉传感器——摄像头。我们通过摄像头识别环境信息，通过对环境信息的识别，矫正运动更新后得到的位置点的权重。

具体来说，观测更新是根据传感器得到的外界环境的信息重新计算概率分布，此过程只改变各个采样点的概率值，不改变位置。概率重新分布的原则是假定机器人当前的位姿就是某个采样点的位姿，得到此情况下的感知信息，与真实的感知信息进行比较，两者越接近则此采样点的概率增大得越多，即概率乘上的系数越大。如果同时识别到环境中的多个定位标志，则采样点的概率将依次乘上对应每个标志物的系数。最后，所有采样点的概率乘以各自的系数后，将进行概率归一化。

具体到本系统，如上章所述，自主鱼是通过摄像头识别标志物，得到距离标志物相对距离 d 和相对角度 Φ。将其看作准确输入，更新每个粒子的权重。

（1）根据距离更新

假设当前摄像头识别到的标志物的位置坐标为（x_{mark}，y_{mark}），对于每个粒子 i 都有其位置坐标 x_i 和 y_i，则可以得到粒子 i 相对当前标志的距离 d_i 为

$$d_i = \sqrt{(x_i - x_{mark})^2 + (y_i - y_{mark})^2} \tag{7.20}$$

根据粒子所处位置相对标志的距离 d_i 与摄像头得到的真实距离 d 的差异，选择式（7.19）作权重更新，则

$$S_1 = S(d_{seen}, d_{exp}, \sigma) = \exp\left[\frac{(d_{seen} - d_{exp})^2}{\sigma}\right] = \exp\left[\frac{(d - d_i)^2}{\sigma}\right] \tag{7.21}$$

其中，d_{seen}为观测到的相对距离，即为 d；d_{exp}为粒子期望的相对距离，即 d_i；σ 为常数，用来调整粒子的收敛速度，其取值与距离的偏差同一量级。

从式（7.21）中可以看出，当期望与实际的偏差越大，s_i 就越小；反之，偏差越小，权值越大。这符合实际的情况，即当粒子位置与真实位置相差越大时，系数 s_i 较小，相应的概率也会减少；反之，相差越小，表示粒子的位置越接近真实位置，相应概率变大。

（2）根据角度更新

根据识别到的相对角度来作观测更新，和根据距离更新类似。因为每个粒子直接取 IMU 的航向角返回值，所以根据角度更新，相当于利用角度信息来

更新粒子的位置。

图 7.5 说明了粒子通过角度更新的大致过程。假设当前摄像头识别到的标志物的位置坐标为（x_{mark}，y_{mark}），对于每个粒子 i 都有其位置坐标 x_i 和 y_i，用式（7.21）可以得到相对于 x 轴的角度 θ_{abs}，将 θ_{abs} 限制在 $-180° \sim 180°$，表示粒子到标志物中心形成的射线相对 x 轴的绝对角度，该角度减去粒子 i 的朝向角 θ_i，得到与粒子相对色标块的角度 ψ_i，如式（7.23）。

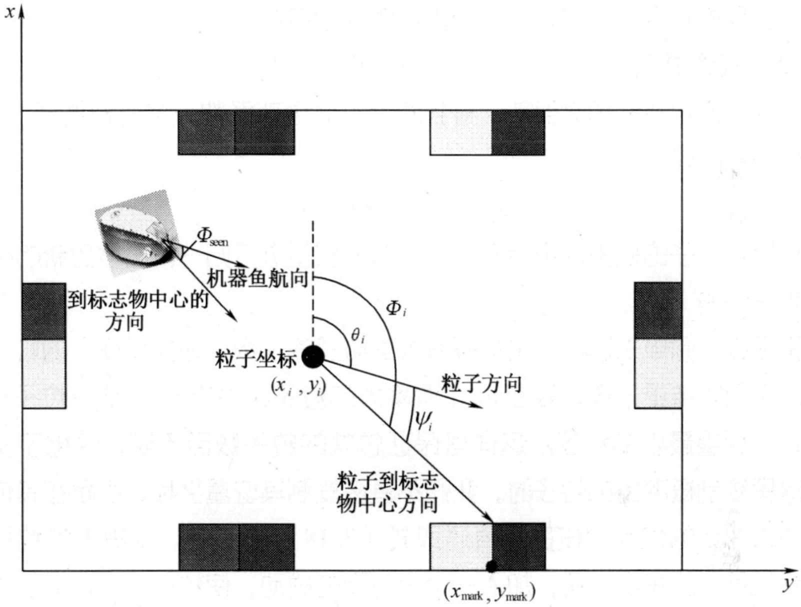

图 7.5　角度更新示意图

$$\Phi_i = \arctan[(y_{mark} - y_i)/(x_{mark} - x_i)]$$

$$\theta_{abs} = \begin{cases} \Phi_i, & x_{mark} > x_i \\ \Phi_i + \mathrm{sgn}(y_{mark} - y_i) \cdot \pi, & x_{mark} < x_i \\ \mathrm{sgn}(y_{mark} - y_i) \cdot \dfrac{\pi}{2}, & x_{mark} = x_i \end{cases} \tag{7.22}$$

$$\psi_i = \theta_{abs} - \theta_i \tag{7.23}$$

根据角度更新，用式（7.23）作权重更新系数，改变权重，则有

$$s_2 = s(\Phi_{seen}, \Phi_{exp}, \lambda) = \exp\left[-\frac{(\Phi_{seen} - \Phi_{exp})}{\lambda}\right] = \exp\left[-\frac{(\Phi - \Phi_i)}{\lambda}\right] \tag{7.24}$$

其中，Φ_{seen}为机器鱼摄像头的光心到标志物中心的射线和到图片中心的射线所组成的夹角，在公式（6.9）中已经求出；Φ_{exp}为粒子期望的相对角度，即ψ_i；λ为常数，用来调整粒子的收敛速度，其取值与角度的偏差处于同一量级，角度为弧度表示，所以λ取$2\pi c$，c为常值。同样，角度偏差越大，权值更新系数越小，权重降低；反之升高，与真实情况相符合。

（3）权重更新

根据距离更新和角度更新，得到两个权值更新系数，然后根据式（7.24）更新权重，则有

$$w_{new} = w_{old} * s_1 * s_2 \tag{7.25}$$

将所有粒子的权重均更新后，对所有的权重进行归一化，得到新的权重。

4. 重采样

重采样，简单来说就是增加概率大的粒子的个数，去掉权重小的粒子。这里我们采用简单重采样，复制n_1个概率大的粒子，添加n_2个随机粒子，移除n_1+n_2个权重最小的粒子。这样可保证总共的粒子数目不变，简化了实现过程。这里复制概率大的粒子时，我们不直接复制其位置坐标，而是在其位置坐标上加入一定的扰动，该扰动值还取式（7.18）的形式。权重大的粒子相对更靠近机器人的真实位置，加入一个小范围的扰动，使粒子更好地覆盖真实位置，使得下一轮更新中，更快地得到真实位置的粒子。

加入随机位置的粒子，是为防止绑架问题的出现，即在不告知机器人的情况下，将机器人人为地拿到另一个地方去，这样上一轮权重大的粒子不再表示粒子的真实位置。如果在移动后的机器人位置附近存在粒子，那么这些粒子的权重会突然变大，从而将其他粒子快速地转移到机器人真实位置上去，而这些粒子就是我们随机洒下的粒子。针对本系统，因为场景中设立的标志较少，当经过长时间没有观测标志后再次识别到标志物时，可以通过随机撒入的粒子，快速收敛到真实位置。

5. 位姿估计

在不断运动更新、观测更新、重采样的循环后，大部分粒子基本上都集中在机器人真实位置处。

在计算最终位置时，我们引入区域的概念，将整个场地的长和宽都分成十等份，分成 10×10 的小区域，在所有连接的 2×2 的子区域中查找含有最多粒子的那个区域。再在该区域中，计算该区域中粒子的加权平均，作为最终位置的估计，即用公式（7.26 和（7.27）计算最终估计的水下机器人位置（x_{final}，y_{final}）。即

$$x_{\text{final}} = \frac{\sum_{i \in \text{RegionMaxNum}} w_i \cdot x_i}{\sum_{i \in \text{RegionMaxNum}} w_i} \tag{7.26}$$

$$y_{\text{final}} = \frac{\sum_{\text{i} \in \text{RegionMaxNum}} w_i \cdot y_i}{\sum_{\text{i} \in \text{RegionMaxNum}} w_i} \tag{7.27}$$

这样计算的好处是，当某个粒子由于一次的观测错误或其他原因，其权重突然变大，也不会影响到整体的趋势，最终的位置还是在粒子最集中的区域得到。而且，2×2 的区域相互覆盖，可以得到相对最准确的区域，不会因为划分不合理而造成不好的结果。

7.3 蒙特卡洛定位实验

应用实体机器鱼验证蒙特卡洛定位算法，实现基于视觉和内部传感器的定位。

7.3.1 距离更新实验

如上所述，根据机器人视觉观测到距标志物的距离，与粒子本身的位置与标志物的距离，来更新粒子位置的结果，如图 7.6。以 0 号标志物为测试标志物，下面的实验结果是自主机器鱼距离 0 号标志物 70 cm 处，产生粒子更新过程。

其中，红色的空心点代表蒙特卡洛定位算法中撒下的粒子，绿色实心点代表粒子分布最多的区域的权重和的最终位置。因为只根据距离一个特征进行更新，绿色点粒子所代表的最终位置不具有意义。从图 7.6 可以看出，粒子初始随机分布，经过后面的逐步更新过程，所有的粒子都集中在粒子距离标志物距离与摄像头观测到的距离基本相等的一个位置，呈现环形。从图 7.6 可以看出，粒子从初始状态不知道位置的随机分布，可以很快地分布到合理位置，根据摄像头观测标志物距离得到粒子位置的更新结果正确、快速且有效。

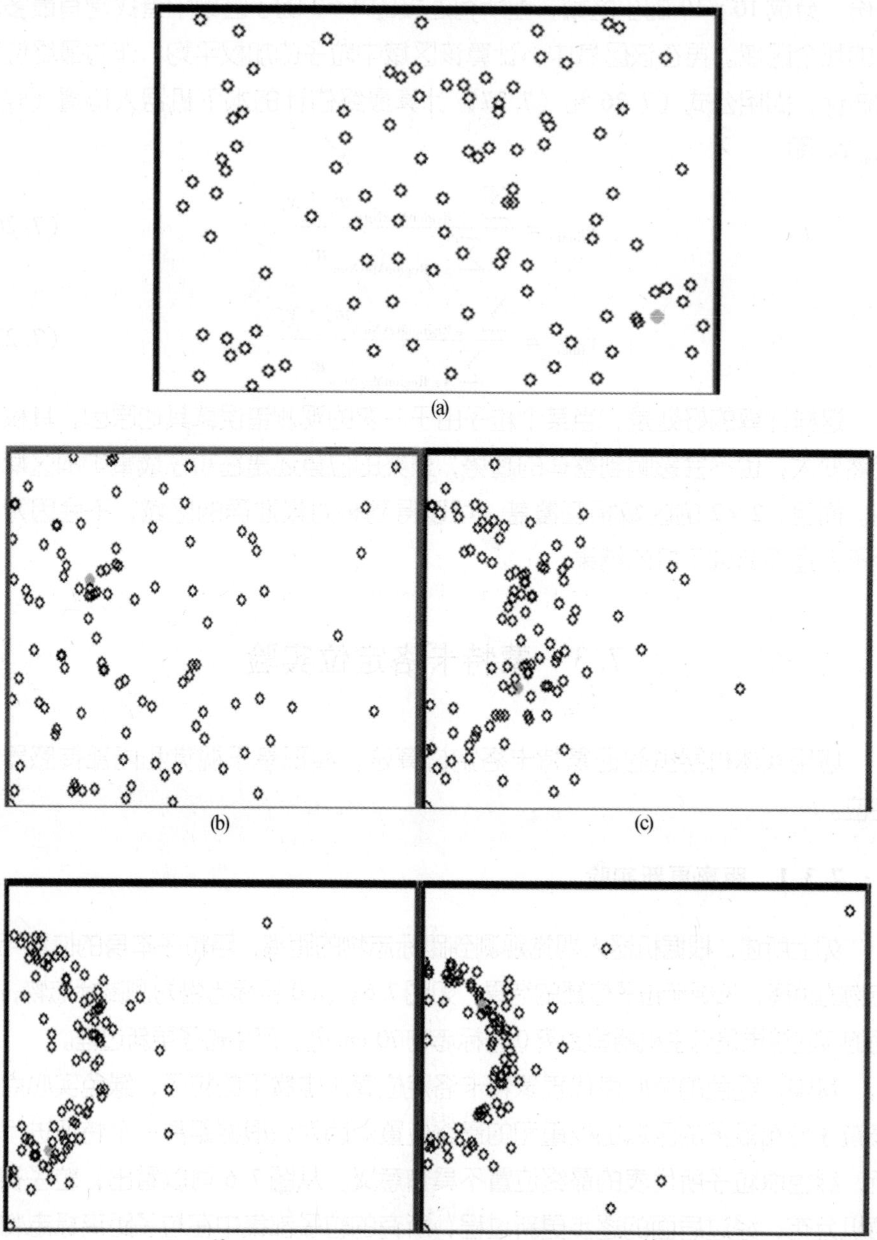

(a)

(b)　(c)

(d)　(e)

图 7.6　距离更新的实验结果

(a) 初始粒子分布；(b) ~ (e) 粒子更新过程

7.3.2 角度更新实验

根据机器鱼的航向角与摄像头观测的标志物的角度，与粒子位置与标志物所形成的角度作对比，更新粒子位置。以 2 号标志物为测试标志物。下面的实验结果是自主机器鱼观测到 2 号标志物，且陀螺仪呈现相对 x 轴 110°产生的粒子更新过程。

这里红色空心点与绿色实心点的意义与距离实验相同，同样，因为只对距离一个特征进行更新，绿色点粒子所代表的最终位置不具有意义。图 7.7（a）为粒子初始随机分布，经过后面的逐步更新过程，所有的粒子都集中在 2 号标志物为起点，与 x 轴基本呈现 110°的范围，呈现线性。从图 7.7 的效果可以看出，粒子从初始状态不知道位置的随机分布，能很快地分布到合理位置，说明根据摄像头观测标志物的相对角度加之陀螺仪的绝对角度，所得到粒子位置的更新结果正确、快速且有效。

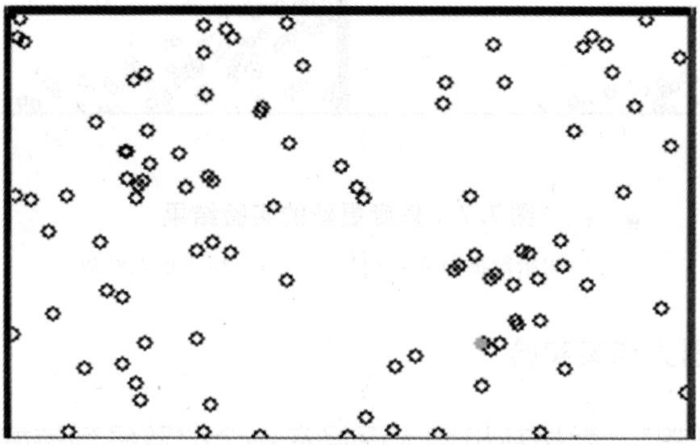

(a)

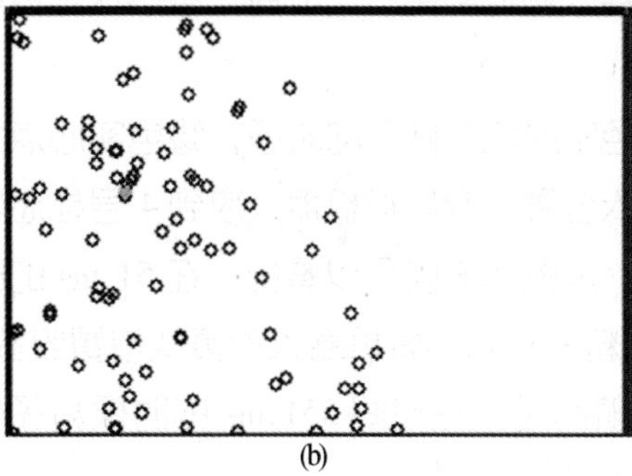

(b)

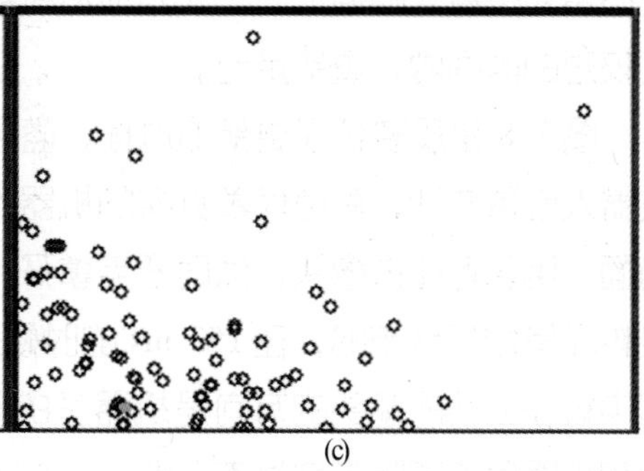

(c)

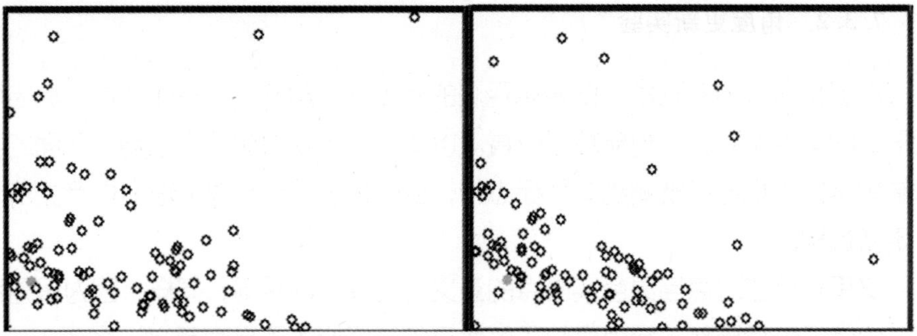
(d) (e)

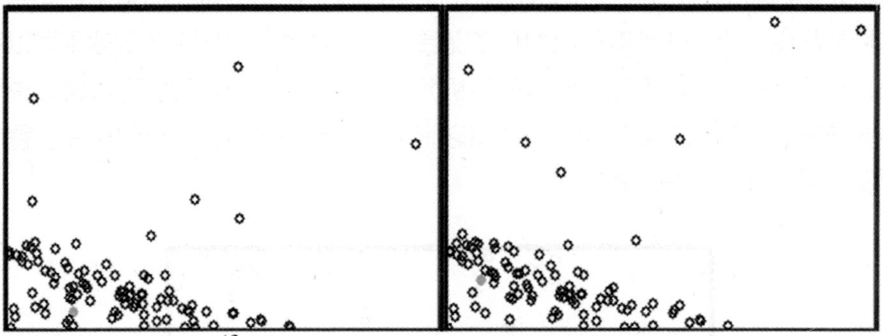
(f) (g)

图 7.7　角度更新的实验结果

（a）初始数据分布；（b）～（g）粒子更新结果

7.3.3　机器人绑架实验

机器人“绑架”，就是在机器人已经在一个位置得到较好的位姿估计后，在不告知机器人的情况下，人为地将机器人移动到另一个位置，考察其是否能在较短的时间内，重新定位。

图 7.8 是反映粒子更新的过程，蓝色空心点为撒下的粒子，绿色实心点为机器人位置估计，黄色代表真实的机器人位置。我们把机器人放到 4 号标志物前面，用手遮住摄像头，然后把手拿开，从图 7.8 中可以看出，在 51 ms 的时候粒子是均匀分布的，在 153 ms 的时候粒子开始朝着机器人的真实位置收敛，其中粒子上面的箭头的方向是机器鱼的航向角。在时间 551 ms 的时候粒子位置和机器鱼的实际方向基本一致。

从绑架实验中可以得到以下结论：机器人位置估计准确且快速，可以满足

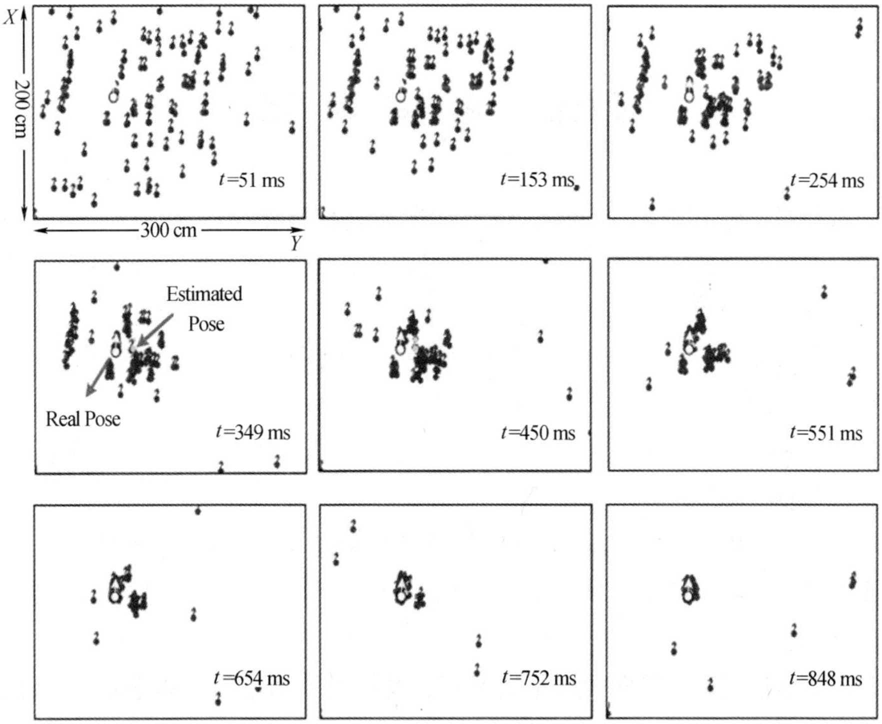

图 7.8　“绑架”问题的粒子更新过程

实时需要，在绑架问题上表现出优良的性能。

本章小结

本章将图像处理、改进的蒙特卡洛定位算法应用在实体水下机器人上，通过实验，验证算法的有效性。从图像处理实验可以看出，水下图像处理算法可以非常准确地识别出标志物，在距离不同、角度不同或者出现误识别的各种情况下，都可以准确识别出来，表现出很好的鲁棒性。IMU 可以基本上准确返回角度信息，这样才能将蒙特卡洛定位算法的模型简化，为后期改进提供基础。从蒙塔卡洛定位效果可以看出，机器人可以在初始位置未知情况下，实现全局定位，较快、较准确地收敛到真实位置；在绑架问题中，同样表现出优良的性能，在机器人被人为移动后，可以快速地收敛到真实位置处。算法正确、有效，可实现高效地实现识别、定位。

附录　名词解释

裁判员　运动竞赛过程中，依据竞赛规程和竞赛规则评定运动员（队）成绩、胜负和名次的人员。裁判员既是竞赛中的“执法人员”，又是竞赛进行的组织者和领导者。

职责及要求：裁判员水平的高低直接影响运动员技术、战术的发挥，也直接影响比赛的效果。裁判员应该具备以下条件：

一、有高尚的道德品质，作风正派，坚持原则，公正无私，严肃认真，对所有运动员一视同仁。

二、精通本项比赛的规程和规则，善于把规则精神运用到比赛中去。了解本专项当今世界的技术、战术发展趋势，不断进行观念和知识的更新，以提高裁判水平。

三、谦虚谨慎，虚心听取不同意见，善于向别人学习，尊重他人，团结协作。

四、有严格的组织纪律观念。

五、有健康的身体，临场裁判时能够精神饱满地完成裁判工作任务。

教练员　教练员是运动训练的直接组织者和指导者，承担着培养、训练运动员的主要任务，对促进运动员的全面发展，实现运动训练的目标起着主导作用。

职责及要求：

一、教练员必须具备与其所承担的训练任务相适应的思想素质和业务素质。其基本条件为具有牢固的政治思想基础，强烈的事业心和高度的责任感，具有合理的知识结构，较高的专项技术水平和良好的心理品质。

二、教练员应自觉地履行其职责，严肃训练纪律，认真制订训练计划，科学选择训练手段和方案，严格管理，努力完成训练计划，实现训练目标。

三、做好平时训练考勤，赛前准备，临场指挥，赛后总结的各项工作。

四、严格管理教育，加强思想政治工作，关心运动员的全面发展。做到发扬民主，爱护运动员，不打骂和污辱运动员，并以身作则，在训练、学习、生活等方面作运动员的表率。

五、教练员应不断地加强学习，提高自身的理论水平、运动技术水平等综合素质。

运动员 专业运动项目中出色异于一般的高水平人员。

职责及要求：

一、参赛运动员必须佩带号码参加比赛，无号码者不得参加比赛。

二、参赛运动员必须按报名顺序参加比赛，不许弄虚作假，冒名顶替，如有发现取消比赛资格。

三、报名者的参赛项目不得更改。如有差错以原始报名表为准。

四、参赛运动员必须身着运动装参加比赛，否则不得参加比赛。

五、参赛运动员要尊重裁判，服从裁判。不得当场顶撞裁判，更不得寻衅滋事，妨碍裁判员工作。

六、遵守比赛规则，确保安全第一。要把安全工作贯穿在整个体育运动的全过程和各个方面。运动员不得违反规则。

参 考 文 献

［1］张加巍. 水下机器人自主定位研究［D］. 北京：北京大学，2012.

［2］汤士华，李硕，吴清潇，等. 一种基于视觉的水下机器人动力定位方法［J］. 海洋工程，2006，24（2）：112－117.

［3］宋振华. 水下机器人自主导航系统的研究［D］. 上海：上海交通大学，2007.

［4］Sebastian Thrun，Dieter Fox，Wolfram Burgard，et al. RobustMonte Carl-o localization for mobile robots［J］. Artificial Intelligence，2000，128（2001）：99－141.

［5］Ko N Y，Kim T G，Moon S M. Pose Estimation of UnderwateRobot Using Particle Filter Approach［J］. Korea Unmanned UnderwaterVehicle（KUUV），2011，5：67－70.

［6］Kim T G，Ko N Y，Noh S W，et al. Localization on anUnderwater Robot Using Monte Carlo Localization Algorithm［J］. The Korea Insititute of Electronic Communication Sciences，2011，6：288－295.

［7］Cheng W H. Study mobile underwater positioning system withexpendable and multi-functional bathythermographs［J］. Ocean Engineering，2005，32：499－512.

后　记

素质体育机器人运动是一项利国利民的伟大工程。为了促进素质体育机器人运动的发展，提高国民综合素质，提升国家科学技术和教育水平，全国素质体育机器人运动组委会特委托北京大学专门开发了机器人竞赛系列教材，并展开相应网络课程教学。本教材属于水中专项（机器鱼）系列，该系列共分全局视觉、自主视觉和2D仿真三大类别，详细地介绍了相关机器人竞赛的科学原理、技术方法和竞赛规程等。

自主视觉组机器鱼竞赛是中国素质体育机器人运动会水中专项运动的基本竞赛内容之一。本书全面系统地介绍了自主视觉组机器鱼竞赛的概况和所设立的具体项目内容和规则等内容。本书适用于参加中国素质体育机器人运动会水中专项运动全局视觉组竞赛项目的所有教练员、裁判员和运动员，也适合机器人爱好者参考学习。

本书的编者感谢北京大学智能控制实验室的已毕业和在读的研究生同学们为完成本书所做的重要贡献，感谢国家自然科学基金委员会的基金项目支持。

编写时间和编者水平有限，书中不足和遗漏之处在所难免，欢迎读者批评指正。

谢广明

北大中关园

2013年4月